ALEXANDRA GRUNOW
ROVENA LANGKAU

Spurensuche

K9 Mantrailer im Einsatz

KOSMOS

Inhalt

Einsatzberichte 171

Service 204

Zum Geleit

Wenn man wie ich über vier Jahrzehnte im Polizeidienst und davon 22 Jahre bei der Mordkommission tätig war, hat man auch Erfahrungen mit dem Einsatzmittel „Polizeihund" gesammelt. Dabei ist das Spezialistentum bei den vierbeinigen Kolleginnen und Kollegen ebenso ausgeprägt wie bei den zweibeinigen. So gibt es Drogen-, Sprengstoff-, Lawinen- und Leichensuchhunde ebenso, wie es Drogenfahnder, Sprengstoffspezialisten und Mordermittler gibt. Als Letzterer hat man zwangsläufig am häufigsten mit Leichensuchhunden zu tun, denn viele Mordopfer werden so „entsorgt", dass man sie ohne das unverzichtbare Einsatzmittel „Hund" nie finden würde. Nur die Spezialisten der Vermisstenstelle standen bis vor einigen Jahren mit relativ leeren Händen da. Das änderte sich, als plötzlich sogenannte „Mantrailer" ins Gespräch kamen. Hunde, so hörte man, die angeblich in der Lage sind, auch noch nach Stunden und sogar Tagen die Spur eines Menschen aufzunehmen, aber nicht nur mit der Nase am Boden, sondern auch in der Luft schnuppernd. Schier unglaublich. Bis wir den Verbleib eines sechsjährigen Buben aufzuklären hatten, der nach der Schule nicht nach Hause zurückgekehrt war. Die stundenlange Suche der verzweifelten Eltern war erfolglos und auch die zahlreichen Polizeikräfte konnten das Kind nicht finden. Also fragte man bei einer Rettungshundestaffel an, bei der bereits Mantrailer im Einsatz waren. Kurze Zeit später waren die Tiere mit ihren Führern vor Ort. Es war unglaublich, was dann geschah: Die Hunde fanden tatsächlich die Spur des Kindes, obwohl der Junge mit der S-Bahn weggefahren war. Aber nicht nur das: Sie fanden sogar heraus, an welcher Station er ausgestiegen sein musste. Von dort führte die Spur zu einem seiner Schulkameraden, bei dem er sich versteckt hatte. Die Eltern dieses Lausers waren so glücklich, dass sie auf ein belehrendes Gespräch verzichteten. Das habe ich dann übernommen.

In einem anderen Fall ging es genau umgekehrt. Eine junge Frau war auf einem abseits gelegenen Parkplatz erhängt aufgefunden worden. Auf welchem Wege kam sie hierher und wo hielt sie sich zuletzt auf? Den Mantrailern gelang es tatsächlich, das Lokal zu finden, in dem sie sich zuletzt aufgehalten hatte. Das trug zur raschen Aufklärung bei.

Mantrailer haben das Repertoire an Einsatzhunden nicht nur erweitert, sie haben eine entscheidende Lücke gefüllt. Bleibt die Frage, wie man es schafft, Hunde derart gezielt auszubilden. Alexandra Grunow und Rovena Langkau, die Autorinnen dieses Buches, die ich bei den Einsätzen kennenlernen durfte, haben mir in der knappen Zeit einen kleinen Einblick in diese Materie gegeben. Er war spannender als ein Krimi. Und von Krimis verstehe ich etwas. Und nach der Lektüre dieses Buches, das nicht nur für Profis interessant sein dürfte, sicher auch etwas von Hunden, den treuesten Freunden des Menschen.

Josef Wilfling, Kriminaloberrat a. D., München, und Autor

Zu diesem Buch

Wir haben das Buch geschrieben, um mit über einem Jahrzehnt Einsatzerfahrung und fast 100 Alarmierungen (Rettungshundeführer seit 1998) fachlich fundiert einen Einblick in die Arbeit der Personenspürhunde (PSH) zu geben. Es richtet sich an alle, die das Thema interessiert, natürlich an die Hundeführer aus den Bereichen Fläche und Mantrail, sowie an alle beteiligten Einsatzkräfte. Es wird anhand realer Fallbeispiele, die zum Schutz der Personen verfremdet wurden, auf einsatztaktische Elemente eingegangen und genau beschrieben, wie der einzelne Personenspürhund sich verhalten hat. Erklärt werden dessen Körpersprache an den wichtigsten Punkten im Trailverlauf sowie die relevanten Gegebenheiten bezüglich der Umgebung und etwaige Schwierigkeiten. Oft lassen sich aus vorherigen Einsätzen und Erfahrungen richtige Schlüsse in einem aktuellen Fall ziehen, da sich einiges wiederholt. Es geht auch darum zu zeigen, zu welcher Leistung die Hunde fähig sind und dass sie, wenn sie richtig ausgesucht und trainiert wurden, immer alles geben. Wir beschreiben dabei die unterschiedliche Arbeitsweise der Personenspürhunde in Forensikeinsätzen zu der Arbeitsweise bei der klassischen Vermissung und gehen auf den taktischen Einsatz der Suchhundetypen ein. Einige Hunde arbeiten in beiden Sparten, viele sind auf eine spezialisiert. Dazu gibt es von den gelösten Fällen direkt abgeleitet Trainingstipps, „angewandtes Trailen" für den Mantrailer auf dem Weg zur Einsatzfähigkeit.

Auch wenn jeder ehrenamtliche Einsatz und jeder Hilfeversuch prinzipiell natürlich lobenswert ist, sollte auf jeden Fall, um Schaden zu vermeiden, die Professionalität eine sehr große Rolle spielen. Uns ist es ein Anliegen, den boomenden Einsatztourismus einzubremsen. Zu viele „Spurenvernichtungstrailer" gehen nach wie vor zum Teil sogar ungeprüft in Deutschland in den Einsatz und machen den Ruf seriöser Trailer zunichte. Das bezieht sich auf die Bereiche Personensuche (Rettung) und auch die Tiersuche. Auch lässt sich mit Kritikern über die Fähigkeiten der Hunde durchaus diskutieren, und bei Mensch und Hund gibt es nie eine hundertprozentige Garantie auf Erfolg, selbst wenn sie noch so talentiert und gut ausgebildet sind. Nicht jeder Fall ist direkt lösbar! Der Hund kann aber in sehr vielen Fällen in der Rettungs- oder Aufklärungskette entscheidende Hinweise geben und als ein weiteres wichtiges Hilfsmittel eingesetzt werden, auf das nicht verzichtet werden sollte, wenn gewisse Regeln eingehalten werden. Zahlreiche dokumentierte Beispiele sprechen für sich. Wir haben die beschriebenen Fälle nicht nach den schnellsten Erfolgen ausgesucht, sondern eine breitgefächerte Auswahl getroffen, um die Einsatzvielfalt darzustellen und deren Komplexizität. Das entspricht einem langjährigen Einsatzleben – man weiß nie, was einen erwartet, alles ist möglich.

Alexandra Grunow und Rovena Langkau

Teil 1

Fälle aus der Praxis

1 › Das fliegende Cabrio

Vermissung/Rettung
Fahrer unbekannt, verletzt und abgängig. Beifahrer tot. Wer ist der Fahrer? Wohin führt dessen Spur von der Unfallstelle? Liegt er verletzt in dem angrenzenden Wald?

„Einen Latte macchiato mit fettarmer Milch und Süßstoff bitte und einen ganz normalen.“ Rizzo kramte in ihrer Hosentasche nach Kleingeld, um zu bezahlen. Sie waren bereits seit knapp zwei Stunden auf dem Weg nach Vorarlberg und hatten beim Übertritt nach Österreich an einer Autobahnraststätte gerade eine Vignette gekauft. Vor ihnen lag ein Trainingswochenende mit der Bergrettung. Der Bus war voll bepackt mit Abseilgeschirren für den Flying Fox über eine Schlucht und fünf ausgewachsenen Bloodhounds. Die großen Sankt-Hubertus-Hunde lagen in ihren Hundebetten und schliefen. Die Riesen waren das Reisen mit dem Bus gewohnt. Rizzo und Gideon stiegen gerade wieder in den Transporter, als auf den iPhones der Alarm einging. Gideon stellte den Lautsprecher an, damit sie beide mithören konnten. *„Einsatz für die Personensuchhunde. Schwerer*

Bloodhounds

Der Name „Sankt-Hubertus-Hund“ geht auf die ursprünglichen Suchhunde des Sankt-Hubertus-Klosters zurück, die dort von Mönchen in den Ardennen (Belgien) gezüchtet wurden. In Deutschland und in den meisten Ländern weltweit wird die Rasse nach dem alten englischen Namen „Bloodhound“ bezeichnet (eingedeutscht: „Bluthund“), nachdem der Hubertushund im 11. Jahrhundert nach England kam. In Frankreich und Belgien nennt man den Hund heute noch „Chien de Saint-Hubert“ (übersetzt: Sankt-Hubertus-Hund).

Autounfall. Der Fahrer eines verunglückten Cabrios ist seit den frühen Morgenstunden abgängig. Der Beifahrer ist bereits an der Unfallstelle verstorben. Es wird vermutet, dass auch der vermisste Fahrer schwer verletzt ist und dringend Hilfe braucht. Benötigt werden die Mantrailer, Suchgruppenhelfer und auch die Flächenhunde, da sich Wiesen und Wälder in unmittelbarer Nähe befinden. Rückmeldung bitte an Jo mit genauer Ankunftszeit.“

Der Einsatzort war nicht weit entfernt von ihrem Wohnort und lag im hügeligen Einzugsgebiet des Lechs. Während Rizzo noch mit dem Zugführer telefonierte, hatte Gideon bereits das Auto gewendet und sie fuhren die Autobahn zurück Richtung Heimat. „Als Geruchsartikel haben wir abgetrennte Haare, die an der Fahrerkopfstütze eingebrannt waren. Jo fertigt Geruchskopien an“, teilte Rizzo mit. Da der flüchtige Fahrer nicht der Fahrzeughalter des Autos ist, war nicht bekannt, wer am Steuer saß. Somit konnten keine weiteren Geruchsartikel vom Zuhause der vermissten Person besorgt werden. Beim Fahrzeughalter handelte es sich um den toten Beifahrer.

Gideon und Rizzo fuhren durch die verwinkelte Landschaft einen Berg hinauf, der vor allem durch seine schöne Wallfahrtskirche bekannt war. Die Kirche thronte erhaben über dem Ort und strahlte eine gewisse Ruhe aus. Sie waren fast am Einsatzort angekommen. Als sie um die Kurve fuhren, wurden sie von der prallen Frühlingssonne und dem stahlblauen Himmel geblendet, unter ihnen das Lechtal und der immergrüne Fluss. „Was für ein Tag und Ort, um zu sterben", meinte Rizzo. Kurz vor der nächsten Kurve war bereits eine Straßenabsperrung eingerichtet. Der Polizist winkte sie mit der Kelle durch, er wollte sie umleiten. Gideon fuhr rechts an die Seite und ließ das Fenster herunter. „Wir sind von der Hundestaffel und müssen zum Einsatzort. Der Autounfall." „Ja, fahrts da weiter. Is glei um d' Kurvn rum".

Das junge Mädchen war bereits seit zwei Stunden unterwegs und einige Kilometer weit querfeldein umhergeirrt. Als sie endlich den breiten Waldweg in Richtung ihres Heimatorts erreicht hatte, kamen ihr in einiger Entfernung ein paar Wanderer entgegen. Sybille S. schlug sich ab vom Weg, quer durch das Unterholz und stolperte ein paar Meter tief eine Senke bergab. Dort blieb sie in einem kleinen Wasserlauf liegen. Es durfte sie keiner sehen, in dem Zustand, in dem sie sich befand. Das Wasser war nur einige Zentimeter tief, sie nahm es zunächst gar nicht wahr. Sie rollte sich langsam zur Seite, drehte das Gesicht nach unten, ließ sich sanft umspülen und Erde und Blut von dem kleinen Rinnsal abwaschen. Einige Zeit bewegte sie sich nicht. Sie wäre gern liegen geblieben. Als sich die Stimmen der Wanderer wieder entfernt hatten, stand sie auf und lief weiter. Sie kannte die Gegend gut, fuhr durch diesen Wald häufig mit ihrem Fahrrad, um sich im nächsten Ort mit Freunden zu treffen. Sie hatte noch kein Auto, machte aber gerade den Führerschein. Sich zu orientieren fiel ihr trotz Ortskenntnis schwer, sie hatte auf der Party einiges getrunken. Sybille S. schlug sich weiter durch das Gebüsch und folgte ihrem inneren Kompass. Nur nach Hause und schlafen.

Das Einsatzszenario war eines der spektakuläreren. Rizzo und Gideon fuhren langsam die Straße hinauf. Sie kamen nur mühsam vorwärts. Die Straße wurde immer enger, rechts und links parkten an die 50 Pkws, Busse und Kleintransporter der verschiedenen Hilfsorganisationen und Rettungshundestaffeln. Links ging es eine Böschung hinauf, rechts fiel der Hang steil ab in Richtung Tal. Dann kam die freie Sicht auf eine große Wiese. Es wimmelte von Löschfahrzeugen, Polizeiautos, weiteren Dienstfahrzeugen, Bussen und Transportern. Es mussten sich an die 100 Personen am Unfallort befunden haben. Einige standen herum und warteten, andere liefen bereits emsig umher. Der Hubschrauber kreiste. Zwischen dem ganzen Gewusel konnte Gideon das Autowrack erkennen. Viel war nicht mehr übrig geblieben von dem einst schicken Sportwagen. „Dass da einer lebend rausgekommen ist," Rizzo blickte ungläubig zum Wrack. Das Auto hatte auf der Wiese wie ein Meteorit eingeschlagen und war durch den heftigen Aufprall um die Hälfte zusammengedrückt worden. Nun lag es als dunkle flache Metallmasse eingegraben in der Erde, die Reifen standen verdreht gen Himmel gereckt. Gideon parkte den Transporter im Schatten, denn die Sonne stand mittlerweile höher. Es war bereits Mittag.

Sie zogen am Auto ihre Einsatzkleidung über und liefen an den Hilfskräften vorbei zum Unfallort. Jo, der Zugführer, erwartete die beiden bereits. „Hallo, super, dass ihr da seids! Hier habts die Haare vom Fahrer und Kompressen als Geruchsartikel. Wir wissen noch nix über ihn oder sie, außer dass die Person dunkle längere Haare hat. Wir gehen aber davon aus, dass sie schwer verletzt im Schock umherirrt oder bereits irgendwo im Wald liegt und dringend Hilfe benötigt. Wäre gut, wenn ihr gleich loslegen könntet." Sie starteten mit Hitchcock. Der Bloodhoundrüde würde mit der Situation am Start und den ganzen Verleitgerüchen gut klarkommen. Er gehört zu den Hunden, die die Nase auch hin und wieder hochnehmen, um den frischesten Geruch zu bekommen, und somit auf offener Fläche schnell Strecke machen können. Mit großen offenen Wiesen und Hanglage hatte der Chef der Bloodhoundgruppe in der Regel keine Probleme.

Das Auto war mit überhöhter Geschwindigkeit in einer engen Kurve von der Serpentinenstraße abgekommen. Die Leitplanke wirkte wie eine Sprungschanze und katapultierte es hoch in die Luft. Es hob ab und flog um die 40 Meter weit über die Wiese, bis es auf dem Boden auf- und sich danach mehrfach überschlug, um dann auf dem Überrollbügel liegen zu bleiben. Die Fahrt- und Flugrichtung, aus der es kam, war aufgrund der eindeutigen Spuren an der Leitplanke und den Bodenverletzungen gut zu erkennen und musste als herführende Geruchsspur miteinbezogen werden. Einige Personensuchhunde sehen sich gern ein Stück weit an, von wo die zu suchende Person kam, bevor sie die Spur in die richtige Richtung weiterverfolgen. Der Fahrer hatte sich eine Zeit lang im Auto aufgehalten und musste sich vermutlich auch erst aus dem Wrack befreien. Somit befand sich ein sogenannter Geruchspool (engl. „scent pool“, Ansammlung eines Geruchs) am Startpunkt. Aus diesem musste sich der Hund erst herausarbeiten und den richtigen Abgang finden. Durch die Hanglage war davon auszugehen, dass der Geruch der eigentlichen Spur durch die Thermik weiter verteilt wurde.

Gideon öffnete den Plastikbeutel, den Jo ihr gegeben hatte, und ließ jeweils eine Kompresse und ein paar der dunklen Haare in zwei eigene Tüten fallen. Rizzo tat dasselbe. Somit hatten sie jeweils zwei Beutel mit Geruchsartikeln (GA), auf die sie mit Folienstift die Namen

Berg- und Talwind-Zirkulation

An einem von der Sonne beschienenen Berghang setzt nach Sonnenaufgang eine starke Erwärmung des Bodens ein, wodurch sich die bodennahe Luft rascher erwärmt als die hangferne Luft. Durch die Verringerung der Luftdichte (thermischer Auftrieb) setzt am Vormittag zunächst ein Hangaufwind ein. Am späten Abend kehrt sich das Windsystem um.

Geruchsartikel

Jeder Hund bekommt einen eigenen Geruchsartikel, der nicht durch den Vorgänger beim Anriechen kontaminiert wurde, falls dieser etwas von der Spur abweicht. Dies ist nur eine Sicherheitsmaßnahme, um Fehler bei der Geruchsaufnahme zu vermeiden, da sich manche Einsätze ziemlich komplex entwickeln können und meist nicht einfach nur eine Spur von A nach B führt.

---

der Hunde, die für diesen Fall eingesetzt werden sollten, schrieben, falls mehrere Mantrailer benötigt würden.
„Riech." Die Nasenlöcher des Bloodhounds blähten sich auf, sorgfältig sog er den Geruch in die Nase. Hitchcock schüttelte sich, Sabber flog rechts und links seitlich weg. Dann gab Gideon ihm das Suchkommando „Such". Der Bloodhound nahm den Kopf hoch und setzte seine 50 Kilo in Bewegung, trabte hinauf zur Straße. An der stark verbogenen Leitplanke drosselte er sein Tempo und kam mit der Nase tiefer. Er trailte ein Stück an der Absperrung entlang, bis er auf den Asphalt gelangte. Dort fing er an, sich tief an den Boden zu heften und in schlängelnden Bewegungen immer langsamer zu werden. Der ganze Körper des arbeitenden Hundes verkürzte sich und wurde quadratisch, er schlug einen Haken und warf sich nach rechts herum. Gideon verkürzte die Leine, sie wusste, dass Hitchcock gleich richtig anziehen würde. Sie wurde mitgezogen von der Kraft des Hundes, der nun vorpreschte und tiefnasig in die Spur eintauchte. Gideon gab ihm mehr Leine nach. Hitchcock machte sich lang und trailte querfeldein über die großflächige Wiese.

Sybille S. wurde unruhig, an dieser Stelle war sie vorhin schon einmal vorbeigekommen. Sie hatte wackelige Beine, fühlte sich extrem erschöpft und konnte nicht aufhören zu zittern. Tränen liefen über ihr Gesicht. Das unangenehme Gefühl kroch in ihr hoch, nicht genügend

Luft zu bekommen. „Ich laufe im Kreis", stammelte sie. Ihr wurde schwindlig, alles um sie herum begann sich zu drehen. Sie musste sich übergeben, dann knickten ihre Beine ein und sie fiel auf den Boden. Der Kopf dröhnte und sie hatte dieses widerliche Ohrensausen, zudem unglaublich großen Durst. Die Zunge schien am Gaumen festzukleben. Ihre Lippen waren aufgeplatzt und bluteten. Die Kopfhaut brannte, in ihr Genick fuhren stechende Schmerzen wie Blitze. Sie zuckte zusammen. Vor ihrem linken Auge flimmerten zackige weiße Formen, sie nahm die Umgebung nur noch verschwommen wahr. Ihr Brustkorb fühlte sich an, als würde ein Fels darauf liegen und eine spitze Kante in ihr Fleisch bohren. Sie rappelte sich auf und stolperte weiter. Diesmal blieb sie eine Weile auf dem Weg, dort lief es sich leichter. „Einfach nur weiter geradeaus, es ist nicht mehr weit", motivierte sie sich.

„Pluto eins für Pluto sieben." „Pluto eins hört", antwortete der Zugführer per Funk. „Wir sind an der großen Weggabelung Richtung Schongau. Jetzt geht's in den Wald. Ich würde gern die Hunde tauschen. Die Richtung bis hierher müsste stimmen. Die Frage ist, geht's jetzt nach rechts oder links weiter? Kannst du Rizzo samt Bus hierherschicken?", bat Gideon. „Geht klar, ich schick sie zu dir. Sagts uns dann bitte Bescheid, wenn ihr mit dem zweiten Hund startets. Die Polizei vermutet mittlerweile, dass wir auf der Suche nach einem Mädchen sind. Der Besitzer des Autos wurde gestern Abend mit ihr zusammen auf der Party gesehen. Aber wer sie ist, weiß keiner, und vermisst wurde auch noch niemand gemeldet", funkte Jo durch. „Alles klar, danke." Gideon steckte das Funkgerät wieder zurück in ihre Jackentasche.

Rizzo schaltete den GPS-Tracker ein und startete mit Heaven, ihrer drahtigen Bloodhoundhündin, die mit ihren leichten 37 Kilo auch in unwegsamem Gelände gut einsetzbar war. Ein paar Meter vor der Weggabelung hielt sie der Hündin den Geruchsartikel vor die

Nase. „Riiech." „Suuch." Heaven steckte ihre leberfarbene Nase in die Tüte, kam hoch, drehte kurz den Kopf, plusterte die Backen auf und trabte los. Sie entschied sich für den linken Arm der Weggabelung und fing kurz nach dem Abbiegen zu galoppieren an. Rizzo und ihr Helfer Andy liefen hinterher. Ein paar 100 Meter weiter zog die Hündin rechts ab vom Weg auf einen mit Moos bewachsenen Trampelpfad. Sie rutschten über glatte Wurzeln, der Pfad wurde immer schmaler. Rizzo streifte mit dem rechten Arm an einem glitschigen Felsen entlang, denn links von ihnen ging es steil bergab in eine kleine Schlucht. Sie bremste die Hündin etwas ab. „Ruhiger, langsam." Sie schlitterten abwärts, versuchten zwischendurch immer wieder das Tempo zu reduzieren, um nicht den Hang haltlos hinabzurutschen. Rizzo hielt sich mit einer Hand an Ästen und Zweigen fest, drehte sich seitlich ein, verkantete die harten Sohlen ihrer Bergschuhe. Die Hündin drosselte das Tempo. Nach einiger Zeit waren sie endlich unten im Kessel angekommen. Es war warm, dämpfig und feucht wie im tropischen Dschungel. Rizzo lief der Schweiß den Rücken hinunter. Heaven zog weiter zu einem kleinen Bach. Das Wasser war nur wenige Zentimeter tief. Sie tauchte kurz mit der Nase ein und änderte ihr Suchverhalten. Sie lief in Zickzackbewegungen und mit höherer Nase, nicht ruhig und geradlinig nach vorn wie zuvor. „Hier ist frischer Geruch!", rief Rizzo Andy zu.

Suchgeschwindigkeit

Im Schnitt suchen die Trailer je nach Umgebung und Geruchsverhältnissen 100 Meter in der Minute, wenn es keine Komplikationen durch sehr unwegsames Gelände, Ablenkung wie Straßenverkehr oder schwierige Geruchsverhältnisse gibt. Somit benötigt man für einen Kilometer ungefähr zehn bis zwölf Minuten und kommt in einer Stunde mit einem Hund ungefähr vier bis fünf Kilometer weit.

Gideon und Rizzo waren mit ihren zwei Bloodhounds mittlerweile fast acht Kilometer über Felder, Wiesen und durch den Wald gelaufen und noch wenige Kilometer vom nächsten Ort entfernt. Das Trailen im unwegsamen Gelände im Wald und die Geruchsüberlagerung hatten Zeit gekostet. Jo zeigte der Polizei die Richtung der Hunde auf der Umgebungskarte. „Die Hunde laufen hier entlang Richtung der nächsten Ortschaft. Im Wald war die Vermisste bisher nicht aufzufinden.“ Gideon holte Rizzo mit dem Auto ein. Rizzo stoppte ihren Bloodhound und schilderte den bisherigen Trailverlauf und alle Auffälligkeiten. „Lasst uns sicherheitshalber den Kessel unten mit Flächenhunden absuchen, auch wenn ihr wieder rausgekommen seid. Dort hatte Heaven Poolverhalten und frischen Geruch angezeigt. Es ist schon ungewöhnlich, dass nach so einem schweren Unfall jemand noch so weit läuft“, sagte Gideon. „Sicher ist sicher.“

Sybille S. klingelte an der Tür. Ihren Schlüssel hatte sie irgendwo unterwegs verloren. Die Mutter öffnete. „Wie siehst du denn aus? Wo kommst du her? Was ist passiert?“ Sie zog das Mädchen zu sich in die Wohnung.

Jo erreichte die Information zuerst, er blieb am Sammelpunkt zurück und protokollierte, welche Teams sich wann wo befanden. Als Zugführer stand er in ständigem Kontakt mit den Suchteams und der Polizei. Er funkte die Teams an, die sich draußen befanden, und gab den Einsatzabbruch durch. „Die Vermisste ist Zu Hause eingetroffen. Ihre Mutter hat gerade bei der Polizei angerufen und gesagt, dass ihre Tochter in den Unfall verwickelt ist. Einsatzabbruch.“

Das Mädchen hatte den über 20 Jahre älteren Besitzer des Sportwagens am Abend zuvor auf einer Party kennengelernt. Sie hatte ihn schon ein paarmal in seiner Stammkneipe gesehen, angesprochen hatte sie ihn nie. An diesem Abend kamen sie irgendwie ins Gespräch und verstanden sich im Lauf der Unterhaltung immer besser. Er war witzig und charmant und insgesamt ein cooler Typ. Er lud sie auf einige Getränke ein und trank selbst ziemlich viel. Sybille S. wollte nach der Party nicht nach Hause. Es war Ende Mai und bereits recht warm. Sie stiegen in das Cabrio von Markus F., um unter freiem Himmel den Sonnenaufgang zu betrachten. Es war ein bayrischer Morgen, der Blick vom Berg ins Lechtal war großartig und die Stimmung der beiden frühlingshaft übermütig. Warum Markus F. die Minderjährige ohne Fahrerlaubnis ans Steuer ließ und wie diese den schweren Unfall nur leicht verletzt überleben und noch so viele Kilometer bis nach Hause laufen konnte, war zu diesem Zeitpunkt nicht geklärt. Gesichert ist der Weg, den sie nach Hause gelaufen ist. Die Mantrailer lagen richtig, auch wenn sie zur Aufklärung in diesem Fall nicht direkt beitragen konnten, da die Vermisste während der Suche Zu Hause eintraf. Die Hunde gaben allerdings die Richtung der Vermissten vor und konnten zusammen mit den Flächenhunden ausschließen, dass diese irgendwo hilflos im Wald in der Nähe des Unfallorts lag.

Einsatztaktische Faktoren

- Es gab nur einen gesicherten Geruchsartikel, nämlich die abgetrennten Haare der Fahrerin.
- Geruchskopien mit Kompressen mussten angefertigt werden, falls mehrere Trailer laufen würden. Diese wurden mit den Haaren zusammen in eine Tüte gegeben (Haare benötigen eine geringe Einwirkzeit, da sie äußerst intensive Geruchsträger darstellen).
- Jeder Hund bekommt einen eigenen Geruchsartikel, d. h. eine Kompresse als Träger.
- Die Person, die den Referenzgeruch sichert, sollte am Startpunkt bleiben und keine frische Spur legen, da nicht vermieden werden kann, dass die Person den Geruchsartikel frisch kontaminiert hat. Zudem kann der PSH die Person am Start ausschließen.

- Die abgetrennten Haare der vermissten Person wurden beim Sichern nicht angefasst. Generell gilt: am besten Einmalhandschuhe überziehen, dann mit der Hand in einen Plastikbeutel schlüpfen, den Geruchsartikel greifen und nach innen in den Beutel ziehen. Somit wird der Gegenstand auch nicht mit den Handschuhen berührt. Bei filigranen Gegenständen Pinzette verwenden.
- Die vermisste Person, Alter, Geschlecht usw. war in diesem Fall nicht bekannt. Das kommt bei Vermissungen selten vor, in der Regel ist die Identität des Vermissten bekannt.
- Die Person war vermutlich schwer verletzt, Eile war geboten.
- Die vermisste Person hatte vom Fund des Autowracks über das Starten der Alarmierungskette bis zum Ansatz des ersten Mantrailer einen zeitlichen Vorsprung von ungefähr zweieinhalb Stunden. Der Hubschrauber mit Wärmebildkamera war zuvor bereits unterwegs, ebenso suchten Flächenhunde das Gebiet um den Unfallort (Start) ab, als die Mantrailer eintrafen (aufgrund der langen Anfahrt).
- Die vermisste Person fuhr regelmäßig mit dem Fahrrad durch das Suchgebiet, somit befanden sich dort auch ältere Spuren von dieser. Sie irrte teilweise umher, lief auch im Kreis. Es existierten Spurenüberlagerungen mit kurzen Zeitabständen und mehrere Geruchspools.
- Der Startpunkt war durch zahlreiche Hilfskräfte stark kontaminiert. Der Mantrailer durfte sich durch das rege Treiben und den Lärm (Hubschrauber, Abschleppwagen, Rettungskräfte etc.) nicht ablenken lassen.
- Der Start war auf einer großen offenen Fläche in Hanglage, deshalb schwierige Geruchsverhältnisse, Thermik.
- Das Cabrio hatte das Verdeck offen und flog mehrere Meter durch die Luft. Von den Insassen wurden wahrscheinlich Stresshormone (Adrenalin, Cortisol), „Angstschweiß“ ausgeschüttet. Somit kam

vermutlich intensiver Geruch aus der Fahrt- bzw. Flugrichtung (Backtrack) und fiel von oben herab. Zudem gab es starke Geruchsverwirbelungen (Flugbahn, Schleudern, Überschlagen).

› Der Geruch verteilte sich großräumig über die offene Fläche (Geruchspool).
› Vorteile waren, dass die vermisste Person vom Startpunkt weg zu Fuß unterwegs war. Es existierten dadurch auf der Wiese Bodenverletzungen mit anhaftendem Geruch.
› Aufgrund der Startgegebenheiten (Backtrack, Geruchsüberlagerungen durch Schleudern, Flugbahn und mehrere Überschläge, starke geruchliche Kontamination durch Fremdpersonen, zudem visuelle Ablenkung und Lärm) und der Eile, die geboten war (Person verletzt), machte es Sinn, einen Hund zu nehmen, der extrem belastbar ist und schnell offene Flächen abarbeiten und in kurzer Zeit viel Strecke machen kann. Suchhundtypen wie Kombinierer oder Ehrgeizige. Weniger geeignet wäre ein gewissenhaft arbeitender Hund, da er mit hoher Wahrscheinlichkeit mehr Zeit benötigen würde, den richtigen Abgang zu finden. Dies kostet wertvolle Zeit, den Hundeführer Nerven und den Hund einige Kraft.
› Eingesetzt wurde am Start ein Suchhundtyp (SHT) „Gelassen/Ehrgeizig“ (offene Fläche).
› Angestückelt wurde mit einem SHT „Gelassen/Gewissenhaft“ (Spurtreuer Typ, wenn eventuell ein dritter Hund angesetzt werden muss).
› Die Spur ging über mehrere Kilometer. Suchausdauer wurde den Hunden abverlangt, Kondition den Hundeführern; mehrere Mantrailerhunde und auch Flächenhunde kamen zum Einsatz.
› Die psychische Belastung war durch die Startbedingungen und große Eile auch für die Hundeführer hoch.
› Zuzuordnen im Trailsystem 1 a) Klassische Vermissung, „Wo ist die Person hingegangen?“

Trainingselemente aus diesem Fall

(Nicht alles auf einmal trainieren, sondern zunächst Einzelelemente und mit zeitlichen Abständen)

Der Start

Offene Fläche an Hanglage (Thermik) und frische Verleitspuren mit Bodenverletzungen über der älteren Spur: Start auf einer großen offenen Wiese in Hanglage; die VP-Spur (Spur der vermissten Person) ist bis zu fünf Stunden alt; es laufen ca. 40 Minuten vor Suchbeginn des Trailers mehrere Personen in kurzen Abständen über die Spur der VP, einige verweilen bis zu 30 Minuten am Start und gehen dann weg (bleiben auch weg), einige bleiben am Start stehen. Wichtig ist hierbei, auf einen sauberen Geruchsartikel zu achten! Die VP-Spur führt hierbei hangaufwärts.

Variation des Geruchsartikels: ein paar wenige abgeschnittene (oder ausgezupfte) Haare als Geruchsartikel von VP beispielsweise auf einen großen Stein legen lassen. Diese soll der Hundeführer sichern. Mit einer Pinzette oder umgestülpten Tüte aufsammeln, falls davon noch Geruchskopien erstellt werden sollen. Wird er nur für einen Hund gebraucht, kann der HF die Haare an einer Seite anfassen.

Erstellen von Geruchskopien: Gaze zusammen mit den Haaren in ein frisches Glas geben (Pinzette), dort einige Minuten einwirken lassen. Gaze mit Pinzette aus Glas nehmen und in frische Tüte des jeweiligen Hundeführers fallen lassen. Gelingt dies, können die Haare das nächste Mal angesengt werden, beispielsweise mit einem Feuerzeug oder auf einer heißen Platte erhitzt werden. Vorsicht bei Handhabung, Haare brennen sehr schnell ab. Evtl. Metallgefäß verwenden.

Flächensuchhunde arbeiten parallel zum Personenspürhund: Hat das Team 1. und 2. in den Trainings erfolgreich lösen können, kann alles zusammengebracht werden. Zur offenen Fläche in Hanglage, der frischen Verleitspuren und Geruchspools von Fremdpersonen, die über die ältere VP-Spur gehen, den angesengten Haaren bzw. einer Kopie davon als Geruchsartikel kommt nun als Ablenkung nicht nur menschlicher Verleitgeruch, sondern auch der von anderen (Flächen-)Hunden hinzu. Zudem werden diese als optische Ablenkung eingesetzt. Hat man keine „echten" Flächenhunde im Training zur Verfügung, können auch „normale" Hunde (ein bis zwei reichen aus) frei in einiger Entfernung zum Personenspürhund auf der Startwiese laufen, am besten mit einer klingelnden Bärenglocke am Halsband oder Geschirr. Frei laufende Hunde nicht zum PSH rankommen lassen. Die Ablenkung auf Sicht und das Geklingel der Glöckchen reichen aus.

Der Trail

Pool, „P", Kreis oder „U" einbauen: Die VP läuft hierbei nicht nur in eine Richtung, sondern sie „verläuft" sich unterwegs in einem mehr oder weniger großen Radius (Radius kann je nach Trainingsstand ausgedehnt werden; anfangs hat der Kreis einen Durchmesser von ca. 20 Metern, später bis zu 300 Metern). Das „P" und der Kreis bewirken hierbei eher eine Ansammlung von Geruch (Geruchspool), während ein gelaufenes „U" eher einen Spur vs. Witterung-Konflikt darstellt. Wichtig ist hierbei, dass der (Rettungs-)Hund überbrücken darf („abkürzen"). Zunächst sollte er dann nochmals auf ein paar Meter Spur treffen, bevor er bei der VP ankommt, später kann variiert werden (Ende an Kreis z. B.). Länge des Trails insgesamt und die Anzahl der Pools etc. kann gesteigert werden, das kann die Suchausdauer erhöhen. Aber bitte nicht übertreiben.

Bach überqueren oder sich länger am Bach aufhalten: Die VP überquert an einer Stelle einen Bach und läuft dann geradeaus weiter, sie kreuzt den Bach und entfernt sich von diesem. Nächstes Training: Die VP hält sich längere Zeit am Rand des Ufers auf (Pool), überquert den Bach und läuft auf der anderen Seite noch ein paar Meter am Bach entlang, bevor sie sich dann von diesem entfernt. Flussaufwärts/-abwärts dabei variieren. Die Übung besteht hierbei, sich vom Bach(-ufer) zu lösen, den Abgang zu nehmen und sich nicht dort festzubeißen.

Das Ende

Ende auf Trail: Der Hund wird während der Suche auf dem Trail (mit Futter) bestätigt und rausgenommen, obwohl die Spur noch weiter geht. Nächste Stufe: Der Hund wird während der Suche auf dem Trail rausgenommen, nur verbal gelobt, obwohl die Spur noch weitergeht, und erst am Auto mit Futter belohnt oder auch nur verbal gelobt. Dies trainiert den Abbruch während der Suche, der im Einsatz des Öfteren vorkommt, wenn die Person während der Suche aufgefunden wird. Der Hund lernt hierbei, dass seine Arbeit vom Hundeführer geschätzt wird und er nicht immer unbedingt an einer VP ankommen muss. Dies erhöht die Frustrationstoleranz auf den Einsätzen und reduziert Stress beim Hund. Wichtig: Den Hund nicht im (End-)Pool-Bereich herausnehmen, sondern deutlich auf der Spur, damit man nicht in das Heranarbeiten des Hundes eingreift.

2 › Mit dem Rücken zum Baum

Vermissung
49-jähriger Familienvater vermisst. Verdacht auf Suizid. Wohin führt die Spur vom parkenden Auto?

Die Weihnachtseinkäufe mussten vertagt werden. Die Vermisstenstelle hatte angerufen, um die Personensuchhunde anzufordern. Ein 49-jähriger Mann war seit dem Abend zuvor von der Ehefrau abgängig gemeldet worden. Er hatte sich bereits morgens bei seinem Arbeitgeber abgemeldet, und somit lag der Zeitpunkt seines Verschwindens bereits in den frühen Morgenstunden, als er zu Hause vorgab, wie üblich ins Büro zu gehen. Die Streifenpolizisten hatten am Morgen des darauffolgenden Tages das Auto des Vermissten auf einem Parkplatz abgestellt gefunden und kannten somit den letzten Aufenthaltsort des Mannes. Die Sportschule lag etwas außerhalb eines kleinen Ortes in der Nähe des Ammersees. Unweit des Sportgeländes befand sich ein kleiner, idyllisch gelegener See und jede Menge Waldgebiet. Rizzo und Gideon kamen fast zeitgleich am

Treffpunkt an. Sie begrüßten die Polizeibeamten und den Zugführer in die wartende Runde hinein ohne Händeschütteln, das hatten sie sich bei den Einsätzen abgewöhnt. Kriminaloberkommissar Stanglmayer, ein etwas untersetzt gebauter, aber dennoch nicht unsportlich aussehender Mann Mitte vierzig, hielt ein ausgedrucktes Foto hoch. „Helmut K. hat dunkle Haare, trägt eine Brille, Jeans und eine beige Jacke. Er leidet seit Jahren an Depressionen und ist seit einiger Zeit deshalb auch in psychologischer Behandlung. Im letzten Jahr hat er bereits einen missglückten Suizidversuch verübt und vor Kurzem die Medikamente abgesetzt. Seine Frau ist sich sicher, dass er sich etwas angetan hat. Wir müssen davon ausgehen, zu spät zu kommen."

Rückführung zur Familie

Für die Angehörigen ist die Ungewissheit besonders schlimm. Nicht zu wissen, wo sich das Familienmitglied befindet, was genau passiert ist. Die Hoffnung auf eine Rückkehr nicht aufgeben zu können. Sich nicht anhand eines Begräbnisses verabschieden zu können. Die Rückführung des Vermissten zu seiner Familie ist immer ein wichtiger Bestandteil der Personensuche, auch wenn in vielen Fällen der Vermisste leider nicht mehr lebend aufgefunden werden kann.

„Er wohnt mit seiner Familie ein paar Kilometer von hier, zwei Ortschaften weiter. Die ältere Tochter geht einmal die Woche in diese Sportschule zum Basketballtraining. Er fährt sie hin und geht in der Zwischenzeit am See oder im angrenzenden Waldgebiet spazieren, dann fahren sie zusammen nach Hause", gab Jo noch als weitere Information an die Hundeführer weiter. Da das Auto des Vermissten erst kürzlich auf dem Parkplatz der Sportschule von der Polizei gefunden wurde, hatte kein Familienangehöriger vor Ort nach ihm gesucht. Das war ein Vorteil, da zwar ältere Spuren von ihm selbst vorhanden waren, aber nur seine letzte Spur vom Auto wegführte und nicht zusätzlich noch frische Spuren eines Angehörigen darüberlagen. Jo notierte die Startbesetzung des ersten Mantrailerteams und die Uhrzeit. Rizzo ging zu ihrem Transporter, holte die lange Lederleine und das Suchgeschirr ihrer Bloodhoundhündin heraus und steckte das GPS-Gerät in die Jacke. Zusammen mit Heaven ging sie zum Startpunkt. Die dreijährige liver and tan Hündin war ein sicherer Starter. Herr Stanglmayer zeigte zu einem silbergrauen Ford, der inmitten von mehreren geparkten Wagen stand. „Das ist sein Wagen." Der Fahrersitz war zurückgeklappt, als hätte der Fahrer noch eine Weile in seinem Auto gelegen. Ein schwarzer Rucksack einer ortsansässigen Outdoorfirma befand sich auf der Rückbank. Den hatte die Polizei bereits bei Auffinden des Wagens durchsucht, ebenso die nähere Umgebung zu Fuß. Da es einen Schichtwechsel gab, war der Inhalt des Rucksacks somit für Referenzgerüche nicht mehr geeignet. Der Wohnort der vermissten Person war bekannt und nicht weit entfernt, somit konnte der Zugführer von dort gute Geruchsartikel holen. Rizzo rollte die Ränder der Tüte herunter, in der ein Schuh des Vermissten lag. Sie holte den Sportschuh bis zur Hälfte heraus und klappte die Lasche zurück, sodass Heaven mit der Nase hineinriechen konnte. „Riech ..." Heaven plusterte die Backen leicht auf, sog den Geruch ein. „Such." Die Hündin warf sich linksherum und trabte zügig los, quer über den Parkplatz Richtung Sportschule. Kurz vor dem Haupteingang des Gebäudes bog sie wieder nach links ab, machte sich lang und zog hinaus auf einen Feldweg. Sie arbeitete sicher und relativ gelassen, das Führen fiel Rizzo leicht, sie joggte hinter dem Hund her und hielt die Leine auf Zug, um den Kontakt beizubehalten und sich vom Hund den leichten Anstieg bergauf ziehen zu lassen. Rizzo machte sich auf einen längeren Weg gefasst, sie musste das Tempo also noch eine Weile durchhalten und die Umgebung war nicht gerade das, was man als eben bezeichnen würde. Rizzos Helfer Andy und zwei Polizisten von der bestellten Streife folgten mit etwas Abstand. Heaven trailte in Richtung Schnellstraße, bog auf einen Fahrradweg ab und lief ein paar Hundert Meter entlang auf einem Wiesenstreifen. Sie kippte die Nase ab, grub sich auf dem weichen Boden regelrecht ein und begann mit den Hinterbeinen breit zu schaufeln. Die Hündin schien alles um sich herum auszuschalten und konzentriert der Spur des Vermissten zu folgen. Der Abstand zu den Polizisten vergrößerte sich etwas. Andy blieb dicht bei Rizzo. Er hatte eine gute Kondition und außerdem filmte er den Trail mit einer Kamera. Sie liefen einige Hundert Meter weiter parallel zur Schnellstraße und näherten sich dem Waldgebiet, das auf beiden Seiten nach rechts und links abging. Als sie die Steigung hinter sich hatten, witterte der Bloodhound mit hoher Nase links herüber zur anderen Straßenseite, lief aber auf der rechten Seite weiter. Es herrschte der übliche Wochenendverkehr. Die Autos rasten mit 80 km/h an ihnen vorbei. Rizzo hielt die Leine kurz, falls Heaven auf die Straße ziehen würde, und drosselte etwas das Tempo. Die Stelle war unübersichtlich. Es gab nun drei Möglichkeiten, rechts ging ein Waldweg ab, links über die Schnellstraße führte ebenfalls ein Weg in den Wald hinein. Geradeaus lief der Fahrradweg weiter und begann wieder etwas anzusteigen. Die Streife sperrte die Straße aus Sicherheitsgründen ab. Rizzo gab dem Bloodhound wieder etwas Leine nach, sie bogen in den Waldweg nach rechts ein. Die Nase des Hundes kippte nach unten ab und schien am Boden festzukleben, der gesamte Körper des Hundes verkürzte sich unter der enormen Körperspannung. Rizzo konnte das stakkatoartige Einsauggeräusch hören, als der Bloodhound begann, im Schritttempo die Spur zu buchstabieren.

Heaven wurde langsamer. Rizzo fasste die Leine nach, die aufgrund des Tempowechsels kurzzeitig etwas lockerer durchhing. Sie war nur zwei Meter von der Hündin entfernt und passte sich dem Suchtempo an, um sie nicht in die Richtung weiter hineinzudrängen. Der Zug auf der Leine verstärkte sich, als sich die Hündin mehr Leine nahm

Schnüffelatmung

Bei der „Schnüffelatmung“ atmet der Hund bis zu 300 Mal in der Minute ein und nur einmal länger aus. So werden die Duftstoffe zur Riechschleimhaut transportiert, wo sie gelöst werden und zu den Rezeptoren gelangen, die sie als elektrische Signale an das Gehirn weiterleiten. Ein Bloodhound besitzt ungefähr 300 bis 500 Millionen Riechzellen auf einer Riechfläche von ca. 200 Quadratzentimetern. Zudem wird vermutet, dass diese Schnüffelatmung der Adaption entgegenwirkt. Adaption bedeutet in diesem Zusammenhang eine Gewöhnung an einen bestimmten Geruch. Wenn man sich beispielsweise länger in einer Parfümerie aufhält, hat sich die Nase mit der Zeit an den intensiven Geruch gewöhnt und man nimmt ihn gar nicht mehr so deutlich wahr.

---

und wieder etwas gerader in der Suchbewegung wurde. Der Körper streckte sich in die Länge und das Tempo wurde deutlich gesteigert. Die Nase des Hundes kam nach und nach höher, schwebte jetzt ca. 30 Zentimeter über dem Boden und der Bloodhound begann zu galoppieren. „Es geht doch hier rein“, sagte Rizzo. Andy nahm sein Funkgerät und gab dem Zugführer den bisherigen Trailverlauf durch. Sie liefen im gleichbleibenden Tempo eine ganze Weile geradeaus. Die Hündin lief nun wie in Trance, wobei sie sich die fast acht Meter lange Leine komplett nahm und konstant vornwegarbeitete. Ein großer Vorteil dieser Hunderasse ist die ungeheure Ausdauer bei der Sucharbeit. Der Bloodhound besitzt so etwas wie einen „zweiten Motor“ und läuft scheinbar mühelos kilometerweite Spuren. So liefen sie zwanzig Minuten lang nahezu immer geradeaus, mal ein, zwei Abzweigungen, die grobe Himmelsrichtung blieb aber dieselbe, bis sie zu einer größeren Waldkreuzung kamen. Nach ein paar Metern begann der Hund von einer Seite zur anderen hin und her zu pendeln und den Kopf höher zu nehmen. Die Hündin eierte so noch ein paar Meter weiter, dann hielt sie an und setzte sich am Wegesrand ab, um zu pinkeln. Als sie fertig war, drehte sie ab zu einer kleinen Jagdhütte, roch intensiv an der Holztür und scannte entlang der Wände. Im Boden hinter dem Haus war eine Kuhle gegraben, in dem sich Fleischreste mit getrocknetem Blut befanden. Ein verrostetes Messer steckte in einem morschen Holzbalken und ein dickes graues Seil lag zusammengerollt unter dem Vordach. Andy und ein Polizist blickten durch eines der verstaubten Fenster in die Hütte hinein. Sie konnten nichts erkennen, schemenhaft zeichneten sich irgendwelche Geräte ab. Der Polizist versuchte die Tür zu öffnen, aber sie war verschlossen. Sie gingen um die Jagdhütte herum. Dort war ein Fenster eingeschlagen, das Glas herausgebrochen. Andy leuchtete mit seinem LED-Lenser ins Innere. Nichts zu sehen. „Hier ist niemand." Rizzo versuchte den Bloodhound zu motivieren weiterzusuchen. Die Hündin lief noch ein paar Meter einen Weg entlang, drehte aber wieder um. „Keine Chance. Sie läuft hier nicht weiter. Wir müssen wieder zu der einen markanten Kreuzung zurück." Von hinten näherte sich aus einem der dunklen Waldwege ein Kombi in Schrittgeschwindigkeit. Als er auf ihrer Höhe ankam, ging das Fahrerfenster herunter. „Hallo. Sind Sie von der Hundestaffel und suchen meinen Mann?" Eine Frau mittleren Alters mit braunem welligen Haar blickte sie ruhig an. Auf dem Rücksitz saßen zwei Mädchen zwischen fünf und acht Jahren. Das ältere Mädchen lehnte mit dem Kopf an der Fensterscheibe und guckte ins Leere. „Ja, wir sind die mit den Suchhunden", antwortete Rizzo.

„Wissen Sie, meine Tochter hat geträumt, dass ihr Vater hier in der Nähe ist, und wollte unbedingt hinfahren und nachsehen. Sie sagte, sie hätte ihn gesehen und er stünde allein an einem großen Stein." „Kennt sich Ihre Tochter hier aus?", wollte Rizzo wissen. „Nein", antwortete die Mutter. „Sie war noch nie in diesem Wald. Sie hat aber jede Woche in der Sportschule Basketballunterricht. Sie sagte mir nach ihrem Gefühl, wo ich entlangfahren soll und wann ich abbiegen muss.“ Rizzo starrte sie ungläubig an. „Na ja, der Hund ist bis hierher gelaufen. Sind Sie mit Ihrem Auto vorhin auch schon durch den Wald gefahren und in der Nähe vom Sportplatz gewesen?“ - „Nein, ich bin hier nicht entlanggefahren und wir kommen aus der anderen Richtung. Von da, wo wir wohnen. Am Sportplatz waren wir nicht.“ - „Das ist gut. Sonst wäre der Hund vielleicht bis hierher Ihrem Auto nachgelaufen. Es wäre aber gut, wenn Sie bitte denselben Weg wieder zurückfahren würden, damit Sie nicht frischen Geruch im Wald verteilen, das könnte die Hunde verwirren. Dürfen wir jemanden vom KIT zu Ihnen schicken?“, fragte Rizzo.

Kriseninterventionsteam (KIT)

KIT bedeutet Kriseninterventionsteam und spielt unter anderem im Rettungsdienst bei der Betreuung von Menschen mit akuten psychischen Belastungsreaktionen, beispielsweise nach Suizid eines Angehörigen, eine große Rolle. Hier kommen speziell geschulte Helfer zum Einsatz, die sich akut und professionell um die Betroffenen vor Ort kümmern. Für die Mantrailer-Hundeführer ist es wichtig, sich in dem Moment voll und ganz auf die Arbeit konzentrieren zu können und den Kopf möglichst frei zu haben. Sie müssen versuchen, die Menschen und die Geschichte um den Einsatz herum erst einmal auszublenden und sich nur auf den Hund und die Sucharbeit zu konzentrieren. Das fällt manchmal leichter, manchmal schwerer.

Die Frau des Vermissten nickte dankbar, sagte: „Danke für Ihre Hilfe“, wendete das Auto und fuhr den Weg wieder zurück. Rizzo sah ihr nach. Andy sprach als Erster. „Das ist ja echt heftig. Lass uns mal eine kurze Pause machen und zurückfahren, um eine Lagebesprechung einzuberufen.“ Rizzo zog dem Bloodhound das Suchgeschirr aus, woraufhin dieser sofort entspannte. Für den Hund war seine Arbeit nun beendet. Der Polizeibus wurde per Funk geordert und holte das

Team ab. Sie fuhren zurück zum Sportschulparkplatz, Heaven rollte sich zu Rizzos Füßen auf dem Boden ein.

Am Parkplatz werteten sie im Bus des Zugführers den aufgezeichneten Trail aus und druckten ihn eingezeichnet auf der topografischen Karte aus. Das technische Staffelequipment war okay. Sie hatten als kleine ehrenamtliche Staffel so weit alles, was sie benötigten. Rizzo und Gideon markierten die Kreuzung im Wald, an der sie den zweiten Hund ansetzen wollten. „Bis hier lief sie noch sicher, dann wurde sie schwammig", sagte Rizzo. „Lass uns mit Hitch noch ein paar Meter weiter zurückgehen. Wenn die Stelle ein Knackpunkt ist oder dort bereits ein größerer Geruchspool vorhanden ist, kann er sich wenigstens noch ein Stück vorher einarbeiten", antwortete Gideon und stand auf, um zu ihrem Transporter zu gehen. Sie fuhren zusammen mit Andy wieder in den Wald zurück und setzten den Bloodhoundrüden kurz vor besagter Kreuzung mit einem neuen Geruchsartikel an. Hitchcock trabte los, bog wie Heaven zuvor ebenfalls nach links ab. Nach ein paar Metern kam er hoch und blieb stehen. Er schien dabei weiterhin auf den Geruch konzentriert zu sein und die Umgebung zu scannen. Er machte eine Kehrtwendung und bog etwas zögerlich auf einen schmalen, mit Gras bewachsenen Waldweg abseits des Weges ein, der im weiteren Verlauf immer schmaler wurde. Die Äste der Bäume ragten weiter hinein, es wurde schattiger. Der Weg hörte auf, ein Weg zu sein. Der feuchte Wiesenboden wandelte sich mehr und mehr in unordentlich herumliegendes rutschiges Unterholz. Hitchcock stakste über die dünnen, teilweise nach oben ragenden Äste und schrammte sich dabei ein Bein an einem Brombeerbusch auf, was er selbst anscheinend nicht bemerkte. Die von oben und den Seiten abstehenden Äste glichen dem krausen grauen Haar einer alten Frau und strichen in der Anmut dünner Insektenbeine über Rizzos und Gideons Gesichter. Die Umgebung wurde zunehmend ungemütlich. In solchen Momenten waren sie froh, die manchmal etwas unbequeme, aber schützende Einsatzkleidung zu tragen. Hitchcock nahm ordentlich Tempo auf und brach wie ein Elefant durch das Unterholz, zog Gideon hinter sich her, die versuchte, die Leine kurz zu halten. Dennoch verhedderten sie sich mit der Leine um einen Baumstamm. Gideon ließ kurzzeitig los und griff sie auf der anderen Seite des Stammes wieder. Der Bloodhound war mittlerweile nur noch schwer zu halten, er pflügte energisch im Zickzack durch den Wald. „Hitch, langsam, warte." Gideon stoppte den Hund, um kurz zu verschnaufen und etwas Ruhe in die Arbeit des Hundes zu bringen. „Okay, weiter!" Hitchcock trabte an, dann plötzlich versteifte sich der Körper des Hundes und wurde immer länger und flacher. Katzenartig begann Hitch zu schleichen, seine Nackenhaare sträubten sich und stellten sich wie eine Bürste auf. Er blähte die Nasenlöcher, sog Luft ein und machte dann ein lautes, ruckartiges Schnaubgeräusch wie ein Pferd. Er blieb stehen, seine Hinterbeine zitterten. Hitchcock drehte sich leicht nach rechts und richtete sich wie eine Kompassnadel aus.

Staffelkollege Aris suchte mit seinem Flächensuchhund Benji und der Staffelärztin Anne das von Heaven und Hitchcock eingekreiste Gebiet ab. Nach kurzer Zeit kam der Hund zurückgerannt und zeigte an. „Dahinten ist was Blaues", sagte Anne. Der Flächensuchhund führte die Beiden durch das Dickicht. Dann konnten sie etwas erkennen. Ein Mann lehnte an einem Baum, er hatte den Rücken zu ihnen gewandt, trug Jeans und eine beige Jacke. Als sie näher kamen, sahen sie einen Spanngurt um einen etwas erhöhten Ast gewickelt. Es sah aus, als würde er auf Zehenspitzen stehen. Aber er hing. Neben ihm auf dem Boden lag ein großer Stein.

Einsatztaktische Faktoren

- Es gab ausreichend und gute Geruchsartikel aus der Wohnung des Vermissten.
- In dem Suchgebiet waren viele ältere Spuren der Zielperson (ZP) vorhanden, aber es lagen keine frischeren Verleitspuren von Angehörigen über dem Trail.
- Die Identität der Zielperson war bekannt.
- Alter der Spur ca. 30 Stunden.
- Hauptthema hier: Erkennen des Totpools und Einkreisen der ZP durch das Suchverhalten der Personenspürhunde, da bei Totgeruch einige Hunde nicht direkt bis zur ZP laufen.

Meideverhalten

Bei Einsätzen mit Totpool unbedingt auf die Körpersprache des Hundes achten und abspeichern! Manche Hunde können bei Suizid nicht oder nur bedingt eingesetzt werden, da sie zu stark meiden. Vor allem wenn sie schon öfter vermisste Personen tot aufgefunden haben.

- Auffälligkeiten Heaven: Änderung des Suchverhaltens. Höhere Nase und Pendeln ca. 200 Meter vor ZP. „Schwammiges" Suchverhalten. Nicht mehr geradlinig. Pinkeln an Kreuzung ca. 100 Meter Luftlinie vor ZP. Eher Meideverhalten.
- Auffälligkeiten Hitchcock: Zickzacklaufen, hohe Nase, etwas hektisch ca. 100 Meter vor ZP. Katzenartiges Schleichen, Körper insgesamt „tiefer gelegt", Schnauben ca. 50 Meter vor ZP.
- Die Gefahr wäre bei diesem Einsatz gewesen, dass man an der ZP aufgrund des Totpools knapp vorbeiläuft. Diesen gilt es zu erkennen und ggf. ein Gebiet für Flächenhunde einzukreisen.

- Beide Hunde haben ein unwegsames Gebiet eingekreist, in das ein Flächensuchhund (der auch sicher „tot“ anzeigt) hineingeschickt wurde und die ZP angezeigt hat.
- Eine Staffelärztin konnte den Mann sogleich untersuchen und den Tod feststellen.
- Zuzuordnen im Trailsystem: 1 a) Klassische Vermissung, „Wo ist die Person hingegangen?“
- Siehe auch Illustration des Trailverlaufs auf Farbtafel 2.

Trainingselemente, bezogen auf diesen Fall

(Nicht alles auf einmal trainieren, sondern zunächst Einzelelemente und mit zeitlichen Abständen)

Der Start

Auto der VP auf großem Parkplatz: Auto steht anfangs eher am Rand auf einem nicht so frequentierten Parkplatz in relativ ruhiger Umgebung, beim nächsten Training mittig auf einem stark frequentierten Parkplatz in einer Umgebung mit mehr Ablenkung (beispielsweise an einer größeren Straße oder Kreuzung).

Als Geruchsartikel kann man hierbei entweder den Fahrersitz selbst nehmen, wenn VP zuletzt darauf gesessen ist und dieser nicht danach frisch kontaminiert wurde. Zunächst anhand eines „Single-Autos“ trainieren, das nur die VP selbst benutzt. Der Schwierigkeitsgrad kann dann gesteigert werden, indem man ein „Familienauto“ nimmt, in dem auch die Gerüche der Angehörigen verteilt sind. Dann darauf achten, dass der Hund mit der Nase direkt über dem Fahrersitz oder am Lenkrad oder an der Schaltung abriecht, die die VP zuletzt berührt haben muss. Es kann auch wieder eine (oder mehrere) Geruchskopie erstellt werden, indem man beispielsweise Gaze in den Zwischenraum der Rückenlehne und den Sitz steckt und dort einige Minuten einwirken lässt oder das Lenkrad oder die Schaltung mit Gaze oder einem Tütenhandschuh abreibt.

Der Trail

Überqueren einer großen offenen Fläche: Nach dem Start auf einem (großen) Parkplatz führt die Spur mehrere Hundert Meter über eine große Wiese (Länge und Alter der Spur kann gesteigert werden).

Ausdauer: Spur ist mehrere Kilometer lang. Zunächst „One-Way-Spur“ (Single VP), in späteren Trainings liegen ältere Spuren darunter, gern auch eine „Autobahnspur“ in eine bestimmte Richtung, der Trail führt in eine andere Richtung.

Das Ende

Endpool: VP im Wald übernachten lassen (z. B. im Zelt), um größeren Pool zu erzeugen. Eventuell immer wieder auf Hochsitz setzen, erhöht Streuung des Geruchs. Heranarbeiten in Witterung trainieren.

3 › Schüsse auf die Polizeiinspektion

Strafsache/Forensik
Einschusslöcher im Fenster der Polizeiinspektion (PI). Patronenhülse am Tatort gefunden. Wer hat geschossen? Hat sich der Täter zu Fuß entfernt oder ist er mit dem Auto weggefahren? Gibt es eine Spur?

Der Treffpunkt wurde nochmals verlegt. Es war in der Nähe der Polizeiinspektion eine verdächtige Person mit Schusswaffe gesehen worden. Vic, Rizzo und Gideon fuhren ein paar Straßen weiter zu einem Café. Dort sollten sie den Hauptkommissar treffen, um den Fall und die Vorgehensweise zu besprechen. Wenige Minuten später erschien Herr Loder, leger in Jeans und Lederjacke gekleidet, und setzte sich zu den dreien an den Tisch. „Es wurde in der Silvesternacht auf unsere PI geschossen. Die Patronenhülse haben wir am darauffolgenden Tag am Tatort auf der Straße gefunden und zusammen mit Kompressen über Nacht eingelagert. Diese Kopien sind die einzigen Geruchsartikel, die wir haben. Wir wissen noch nichts über den Täter, haben aber ein bis zwei Personen in Verdacht. Es wäre sehr hilfreich, wenn die Hunde eine Spur aufnehmen oder sagen könnten, ob die Person vielleicht weggefahren ist." Gideon zog eine Augenbraue hoch und schaute hinüber zu Vic. „Eine Geruchskopie von einer angefassten Patronenhülse, die abgefeuert wurde." Vic blickte recht gelassen drein. Sie hatte mit ihrem Labrador bereits bei einigen unlösbar erscheinenden Fällen den entscheidenden Hinweis gegeben und mit diversen Geruchsartikeln gearbeitet, die selbst ein erfahrener Mantrailer-Hundeführer nicht einmal als solche bezeichnen würde. „Das müsste gehen. Wir probieren es auf jeden Fall, versprechen können wir natürlich nichts. Es ist, wenn wir Glück haben, ein weiteres Hilfsmittel bei der Aufklärung." Kommissar Loder nickte. „Klar, das weiß ich."

Die Ausgangslage war alles andere als einfach. Der Startpunkt lag mitten an einer großen Kreuzung in der Innenstadt. Hochhäuser, Einkaufszentren, die Auffahrt auf eine Stadtautobahn und eine Kleingartensiedlung mit einem Labyrinth aus tausend kleinen Wegen und Sackgassen lagen unmittelbar darum. Die oder der Täter konnten in der näheren Umgebung wohnen, alte Spuren sich überlagern, frische konnten nach der Tat, die mittlerweile zwei Tage her war, aber auch noch darüberliegen. Die Hundeführer mussten mit allem rechnen. Mehrere Zeitsprünge auf der Spur, oder vielleicht existierte nicht einmal eine Spur, weil der Täter mit dem Auto weggefahren war. Sicher war, dass aus dem Stand geschossen wurde, und der Standort war aufgrund des Einschusslochs und -winkels bekannt. Die Einschusslöcher konnte man von der anderen Seite des Gehwegs noch gut erkennen. Zum Glück war zur Tatzeit niemand auf der Inspektion anwesend. Somit gab es auch keine Verletzten. Vic und Gideon überlegten, mit welchem der Hunde sie starten sollten. Um mit dem wenigen und teilweise wohl verschmauchten Geruch von der Geruchskopie eines metallischen Gegenstands klarzukommen, benötigte es feinnasige Hunde. Archibald, der bereits sehr viel Erfahrung mit dem Lösen von

Forensikfällen hatte, startete als Erster. Rizzo und Gideon blieben im Auto am Start zurück, um nicht zu sehen, wohin der Rüde laufen würde. Hitchcock sollte als Zweiter laufen. Nach gut vierzig Minuten kam Vic mit dem Kommissar zurück. „Archibald ist gelaufen. Ich hätte das aber gern noch einmal mit einem anderen Hund überprüft", sagte Vic. Gideon nahm das Suchgeschirr und holte Hitchcock aus dem Transporter. Hauptkommissar Loder gab ihr eine zweite eingeschweißte Geruchskopie und notierte sich die Nummer, die auf der Folie geschrieben stand. Sie gingen zum Startpunkt. Rizzo begleitete sie und startete das GPS-Gerät und die GoPro-Kamera zur Dokumentation. Zwei Hunde würden für diesen Fall wohl ausreichen. Gideon riss ein kleines Loch in die Tüte und gab dem Hund das Signal „Riiiech und Suuch". Hitchcock drückte die Nase lange an die Kompresse und schien den Geruch dabei langsam und intensiv zu inhalieren. Seine Augen waren geschlossen. Er wirkte wie ein Konzertpianist verträumt in seine Musik, nur dass ihn keine Melodie in den Bann zog, sondern die einzigartige Geruchskomposition einer bestimmten Person. Dann schüttelte er sich und schleifte mit der Nase, als würde diese zu schwer sein, knapp über dem Boden auf dem Gehweg entlang. Buchstabierend setzte er sich gemächlich in Bewegung und bog ein wenig unschlüssig auf die Wiese ab. Für Passanten würde es momentan eher nach Gassigehen aussehen. Hitchcock kämpfte um jeden Partikel, den er kriegen konnte, und schien sich aus dem Geruchspool herauszuquälen. Nur langsam schien sein Riechkolben in Gang zu kommen. Das ist der Moment, in dem der Hundeführer sich in Gelassenheit üben muss und den Hund nicht drängen sollte. Dann allmählich begann der Bloodhound Fahrt aufzunehmen, sein Motor schien warm zu laufen, er hatte den Geruch für sich sortiert und den Abgang gefunden. Hitchcock zog hinein in einen schlammigen Trampelpfad und quer durchs Gebüsch, Gideon schlitterte im Matsch hinterher. Weiter entlang an einem ziemlich maroden Lattenzaun. Dahinter befand sich die Kleingartensiedlung. Ein bellender Hund sprang auf sie zu, Hitchcock ignorierte ihn, zog weiter nach rechts, zurück zur Straße. Dann hinauf auf ein großes offenes Parkdeck mit Gittergeländer. Es fühlte sich gut an, Gideon war sich sicher. Rizzo beeilte sich hinterherzukommen, der Bloodhound hatte deutlich Tempo aufgenommen. Nichts konnte ihn ablenken, so konzentriert war er. Sie „flogen" durch ein Wohngebiet mit mehrstöckigen Häusern in Gelb, Grau und Grün, beschmierten Hauswänden und überquellenden Mülleimern, rauschten an ein paar Hauseingängen vorbei, die Hitchcock nicht weiter interessierten. Vorbei ging es an Fahrradständern, Kinderspielplätzen und zerfledderten Büschen. Hier kam jemand heraus, dort ging jemand hinein, niemand wurde beachtet. Nach einer Weile wurde der Bloodhound zunehmend hektischer, Gideon drosselte das Tempo. Sie kamen zu einer weiteren Straße und einem Parkplatz vor einem Kaufhaus. Es herrschte reges Treiben, das ganze Viertel schien zu dieser Zeit einkaufen zu gehen. Hitchs Kopf ging in die Höhe, er streckte sich hoch nach vorn, pendelte links, rechts und blieb an der Straße stehen. War hier die Spur etwa zu Ende? Gideon streichelte ihrem Hund über den Rücken, Hitchcocks Flanken zitterten leicht, an seinen Lefzen sammelte sich bluthundtypischer Sabber. „Kurze Pause hier, wir müssen uns besprechen." Sie entschieden sich dafür, den Hund noch einmal zum Weitersuchen zu motivieren. Tatsächlich nahm Hitchcock nach ein paar Metern wieder Tempo auf. Er zog am Eingang des Kaufhauses vorbei in eine kleinere Fußgängerzone, in der verschiedene Geschäfte ihre Waren ausgestellt hatten. Hitchcock roch an einem Korb mit Wollknäueln, der auf dem Boden vor einem Strickwarengeschäft stand. Er liebte weiche Dinge wie Stofftiere und stopfte sich diese abseits der Arbeit gern ins Maul. „Weiter, Hitch", motivierte Gideon den Bloodhound. Sie bogen um die nächste Ecke zum Eingang eines Hochhauses. Hitchcock roch das Klingelbrett ab, auf dem ungefähr fünfzig Parteien auf zehn Stockwerke verteilt waren und ging dann mit der Nase hinüber zum breiten Griff der Haupttür. Er hielt kurz inne und legte sich dann ins Platz, seine Anzeigeform. Kriminalkommissar Loder wurde unruhig. „Lasst uns mal lieber von hier verschwinden."

Einer der Verdächtigen wohnte in dem von den Hunden angezeigten Hochhaus. Die Waffe wurde in seiner Wohnung gefunden. An dem Tag, als die Schüsse fielen, war Marc M. mit einem Freund, der ein paar Tage Hafturlaub hatte, auf einer Party. Auf dem Rückweg hatten sie auf die Polizeiinspektion geschossen. Schließlich hatten die seinen Kumpel einige Monate zuvor eingebuchtet. Dann waren sie zu ihm nach Hause gelaufen. Am nächsten Tag fuhr Marc M. seinen Freund mit dem Auto zurück in die Haftanstalt. Auf dem Rückweg parkte er das Auto ein paar Meter weiter als zuvor die Straße hinunter und ging zurück in seine Wohnung.

Einsatztaktische Faktoren

› Als Referenzgeruch gab es angefertigte Kopien von einer abgefeuerten Patronenhülse.
› Mehrere Täter standen unter Verdacht, waren aber nicht dem Fall zuzuordnen.
› Es gab verschiedene Zeiten auf dem Trail.
› Der Trail wurde von einem „Negativ" unterbrochen (der Täter parkte dort das Auto und fuhr den Kumpel in die Haftanstalt).
› Die Spur führte ein paar Meter weiter entfernt von dem letzten Parkplatz wieder weiter (nachdem er von der Fahrt mit seinem Kumpel zurückkam, parkte er sein Auto ein paar Meter weit entfernt von dem letzten Parkplatz und lief nach Hause).
› Zuzuordnen im Trailsystem: 2 e) Forensik, „Wo wohnt der Täter bzw. wohin ist er nach der Tat gelaufen?"

Trainingselemente, bezogen auf diesen Fall

Der Start

Geruchsartikel: ein angefasster Gegenstand aus Metall. Diesen ggf. kurzzeitig erhitzen. Dieser Gegenstand wird zwölf Stunden am Startpunkt des Trails auf der Straße ein wenig versteckt liegen gelassen (sodass er nicht entdeckt/aufgesammelt/angefasst wird), dann eingesammelt und mit Gaze zusammen in ein sauberes Glas gegeben. Einige Stunden einwirken lassen. Der Hund startet mit der Geruchskopie (Gaze).
Einfach: ZP läuft los und läuft Spur.
Mittel: ZP und eine Verleitperson laufen gleichzeitig los, trennen sich am Start und gehen in zwei verschiedene Richtungen weg.
Schwer: ZP fährt mit dem Auto.

Der Trail und das Ende

Einfach: Single-ZP-Spur ist ca. 24 Stunden alt und One Way.
Mittel: ZP-Spur und eine Verleitperson trennen sich und kreuzen die Spur mehrfach, das Ende ist in der Wohnung der ZP, Hund kreist Wohnung ein.
Schwer: eingebauter Zeitsprung: ZP läuft ein paar Stunden nach Legen des Trails von der Wohnung nochmals zum Auto und fährt weg. Auto wurde zuvor auf Trail oder in der Nähe geparkt stehen gelassen (im letzten Drittel der Spur). Entweder ist dort Ende, also ein frischeres Negativ auf dem Trail, Hund zeigt Negativ an. Oder die ZP fährt mit dem Auto wieder zurück, parkt auf oder ein paar Meter abseits der Spur und läuft von dort nach Hause oder in eine andere Richtung (Trail nicht chronologisch). Hund zeigt Wohnungstür an oder verfolgt weiter die Spur.

4 › Der Serientäter

Strafsache/Forensik
Zwei verschiedene Fälle stehen in einem Zusammenhang.

Miriam L. fiel es sichtlich schwer, am Startpunkt zu erscheinen. Zu belastend war es, wieder an den Ort des Geschehens im Westen der Stadt zurückzukehren. Doch um den Täter zu fassen, war sie bereit gewesen, zusammen mit ihrem Freund zu den Personenspürhunden zu kommen, damit diese sie ausschließen konnten. Kriminalkommissarin Jasper nahm das Pärchen in Empfang. In der Hand ein brauner Briefumschlag mit den Geruchskopien und dem Originalstück, der Jacke der jungen Frau.

Angetrunken war sie gewesen, als sie von der Disco nach Hause ging. Der Weg war nicht allzu weit. Ein Stück durch den Park, dann über die Straße und hinein ins Wohngebiet. 200 Meter noch, dann würde sie endlich zu Hause sein. Es war kalt in dieser Nacht, sie fror und beeilte sich. Plötzlich spürte sie eine Hand an ihrer Schulter, die sie ruckartig herumriss. Schmerzhaft hatte sich eine zweite Hand in ihren Hals gekrallt und drückte fest zu. Sie versuchte sich zu wehren und laut um Hilfe zu schreien, aber der Angreifer reagierte sofort und umschloss mit seiner Armbeuge ihren Mund und einen Teil der Nase. Sie bekam keine Luft mehr. Die Angst schnürte ihr zusätzlich die Kehle zu. Aus diesem Schraubstockgriff konnte sie sich niemals befreien. Keine Chance. Der Typ war einfach viel zu stark. Sie konnte seinen Atem ganz nah an ihrem Ohr spüren. Miriam L. versuchte den Kopf zu drehen, um sein Gesicht zu sehen, zappelte, schlug um sich. Vergebens. Er wollte sie zu Boden reißen, trat ihr mit dem Knie in die Seite und schlug ihr ins Gesicht. Ihr stockte der Atem, eine Rippe hatte dem Knie des Angreifers nachgegeben. Sie sackte zusammen, keuchte. Er versuchte ihre Hose aufzureißen, schob seine zitternde Hand unter ihren Pulli. „Er stellte sich ziemlich ungeschickt an, wirkte recht planlos. Er fing immer eine Handlung an und brach diese dann wieder ab", brachte Miriam L. im Nachhinein zu Protokoll. „Erst wollte er mir die Sachen vom Körper reißen, doch dann trat er mich erneut." Miriam L. wehrte sich, so heftig sie konnte, und als der Täter, der eine Kapuzenjacke trug, seine Hose öffnete, nutzte sie ihre Chance und trat ihm zwischen die Beine. Dann rannte sie so schnell sie konnte davon. Der Täter folgte ihr nicht. An ihrer Haustür angekommen, klingelte sie Sturm, ihr Freund öffnete.

Vics Labrador Archibald roch intensiv an Miriam L.s Jacke, die in einer Plastiktüte von der KTU sichergestellt worden war. Das war nun vier Wochen her. Doch erst jetzt war die Geschädigte in der Lage gewesen, am Ansatzpunkt des Personenspürhunds dabei zu sein. Nur mit ihrer eigenen und der Anwesenheit ihres Freundes konnte Archibald seine Suche beginnen, denn nur so konnte er sie als zu suchende Personen ausschließen. „Es sind die Gerüche des Täters und die von Ihnen und Ihrem Freund an der Jacke", erklärt Vic die Arbeit ihres Hundes. „Sie beide sind hier, einer fehlt. Den sucht Archie nun."

„Riiiech und Suuuch!" Zügig trabte der Suchhund los, querte eine Hauptstraße, wechselte in einen kleinen Weg und trailte eine niedrige

Mauer entlang. Nach einer Weile ging es auf eine breite Straße mit Kopfsteinpflaster. Vorbei an einem Spielplatz, Kindergarten und einer Schule, dann hinein in ein Wohngebiet mit dreistöckigen Wohnblöcken. Viele Eingänge, zahlreiche Hinterhöfe, Geschäfte. Archie reduzierte seine Geschwindigkeit und fing an, die Hinterhöfe und einige Eingänge zu kontrollieren. Dann zog er an, trabte in einen Hinterhof mit mehreren Garagen und kreiste ein Mietshaus mit zwei Eingängen ein. Von hier wollte er nicht mehr weiterlaufen. Er war ein Minimalist. Kommissarin Jasper zeigte sich erst einmal sehr zufrieden. „Wir konzentrieren unsere Ermittlungen auf dieses Gebiet, wir haben ja keinen weiteren Anhaltspunkt."

Karin S. zitterte vor Angst. Sie konnte seinen Schweiß riechen, er ihre Panik spüren. Sie kämpfte um ihr Leben, schlug um sich und trat nach allem, was ihr zwischen die Beine kam. Die Eisenstange traf sie unvermittelt an der Hüfte. Zwang sie zu Boden. Sie rang nach Luft. Unter ihrer Hand im Kies spürte sie einen großen Stein. Sie umschloss ihn, drehte sich blitzschnell um und schlug ihn dem Angreifer ins Gesicht. Der schrie auf, ließ kurz von ihr ab. Seine Nase war wohl gebrochen. Das reichte. Karin S. rannte so schnell sie konnte über den Parkplatz und die Treppe hinauf zu ihrem Hauseingang. Hektisch fischte sie den Hausschlüssel aus der Tasche, schloss auf, knallte die Tür hinter sich ins Schloss und sank schluchzend auf den Boden. Ihr Freund Clemens K. kam schlaftrunken aus dem Schlafzimmer und nahm sie sofort in die Arme. „Was ist denn passiert?", fragte er leise.

Kriminalkommissar Loder wartete bereits am Parkplatz vor dem Haus im Osten der Stadt auf die Hundeführer. „So, das sind Frau S. und Herr K. Sie werden uns zu dem Ort bringen, an dem das Ganze vor ein paar Tagen geschehen ist. Herr K. ist netterweise auch mitgekommen, denn er hatte den Pulli, den ich hier in der Tüte habe, auch in der Hand, als Frau S. nach dem Überfall nach Hause kam und er sie in die Arme nahm. Somit hätten wir insgesamt den Geruch von drei Personen an dem Pulli. Aber das geht dennoch, oder?" Vic und Gideon nickten. „Das ist normalerweise kein Problem. Solange zwei am Startpunkt sind, konzentriert sich der Hund auf den Geruch des einen, der fehlt", bestätigte Gideon die Aussage des Kriminalbeamten. Sie holte Hitchcock aus dem Transporter. Der Bloodhound trabte beschwingt zu der kleinen Gruppe, die auf ihn wartete. Er liebte Menschen und präsentierte sich gern. Je mehr Menschen um ihn herum waren, desto besser fand er es. Dann war er voll da, bereit, alles zu geben. Die Geschädigte führte Gideon und die anderen zum Eingang des Parkplatzes gegenüber der Wohnanlage. An einem Busch mit einer Parkbank blieb Karin S. stehen. „Hier war es", sagte sie zaghaft, aber bemüht, deutlich zu sprechen. Ihr Freund griff nach ihrer Hand. Gideon ließ Hitch noch einmal zu Karin S. und Clemens K., zog ihm dann das Halsband aus, hängte die Trailleine ins Geschirr ein und gab dem Hund den Pulli etwas abseits der Geschädigten als Referenzgeruch. Der Spürhund roch intensiv an dem Kleidungsstück. Zunächst wollte er gleich lostraben, bremste dann aber ab und lief zurück zur Gruppe. Er checkte noch einmal die Geschädigte, ihren Freund, auch Kommissar Loder und ging mit seiner Nase erneut zum Geruchsartikel, der noch auf dem Boden lag. Er blähte die Nasenlöcher auf, sog langsam und hörbar Luft ein, als würde er den Geruch des Täters herausfiltern und abspeichern. Dann nahm er die Nase tief und trabte konzentriert los. Hitch zog Gideon parallel zum Parkplatz, dann ein paar Treppen hinab und hinüber zu einer kleinen Kreuzung. Dort ging ein Trampelpfad nach links und rechts ab, der Hauptweg verlief einfach weiter geradeaus. Hitch tickte kurz nach links, nahm dann Tempo raus und trabte doch weiter geradeaus nach vorn bis zu einer großen Straße. Dort bog er links ab. Er tendierte immer wieder nach links, hob die Nase an und witterte hinüber. „Ich glaube, er ist doch den Trampelpfad gelaufen", vermutete Gideon. „Hitch läuft gerade eher parallel unterhalb des Wegs." Nach hundert Metern kamen sie wieder auf eine kleine Kreuzung. Der Rüde nahm ohne zu überlegen den linken Straßenverlauf und traf wenige Meter später auf den zuvor markierten Trampelpfad. Ein paar Hundert Meter weiter trailte er hinauf zu einer mehrspurigen Kreuzung und der Auffahrt zu einem Klinikgelände mit Hubschrauberlandeplatz. Die Ampel stand gerade auf Grün und Gideon konnte Hitchcock weiter über die Straße laufen lassen, ohne ihn anhalten zu müssen. Zielstrebig bog er vor einer Bäckerei links in eine kleine Straße ein und wurde plötzlich hektischer. Er stand nicht mehr gerade vorn an der Leine, sondern kam höher und zog heftig an ihr. Gideon konnte ihn kaum noch halten. Hitch zog energisch in einen Hinterhof. Dort fing er an, mit hoher Nase zu kreisen. Dann roch er die Seiten eines blauen Garagentors ab und pendelt zwischen zwei Eingängen an einem dreistöckigen Backsteinhaus hin und her. Gideon kam von dort nicht mehr wirklich weiter, hängte den Bloodhound in sein Halsband um und brachte ihn zurück zum Auto. „Brav, Hitch, gut gemacht, mein Junge", lobte sie ihn unterwegs.

„Lasst uns mit Heaven den Endpunkt noch einmal kontrollieren, vielleicht ist hier auch nur ein großer Pool, eine Schwierigkeit, aus der Hitchcock nicht herausfindet", sagte Gideon zu Rizzo und Vic. Sie setzten die Hündin mit einer Geruchskopie des Pullis an der Bäckerei an, an der Hitchcock seine Arbeitsweise verändert hatte. Karin S. und ihr Freund waren sicherheitshalber auch an diesem Ansatzpunkt anwesend, um von dem Bloodhound ausgeschlossen zu werden. Vic und Rizzo hatten während Hitchcocks Suche am Auto gewartet, um unvoreingenommen die weitere Suche zu leisten. Zügig trailte Heaven los, Rizzo ließ den Referenzgeruch am Start zurück. Schnell überbrückte die Hündin ein paar Meter und trailte durch ein breites Tor in den Innenhof, in den auch Hitchcock eingebogen war. Dort begann sie zu kreisen. Auch Rizzo kam von der Stelle wie vorher Gideon nicht mehr weiter. „Ich war hier schon mal", schnaufte Vic, die zusammen mit Gideon und Kommissar Loder den Trail von Heaven mitgelaufen war. „Ich habe mich mit Archibald ebenfalls schon einmal hier festgebissen", erklärt sie Rizzo, Gideon und dem Polizisten. „Vor ungefähr zwei Monaten lief Archie bei einer anderen versuchten Vergewaltigung hierher. Ich habe es nur nicht gleich bemerkt, weil wir von der anderen Seite gekommen sind. Jetzt habe ich es aber an dem blauen Garagentor und den Eingängen wiedererkannt", erklärte sie. „Auch die Geschädigte aus dem anderen Fall schilderte dasselbe ungeschickte Verhalten des Täters. Das kam mir vorhin bereits irgendwie bekannt vor. Zudem sehen sich die beiden Frauen sehr ähnlich und haben ungefähr das gleiche Alter. Beide kamen aus einer Disco, als sie überfallen wurden", erzählte Vic. Kommissar Loder war sehr erstaunt über die Entwicklung des Falles. „Ich kenne den anderen Fall nicht. Das hieße ja dann, dass wir eventuell von ein und demselben Täter ausgehen könnten", fasste er zusammen. „Zumindest führen beide Spuren aus unterschiedlichen Stadtteilen zum selben Endpunkt, das wäre schon ein komischer Zufall", sagte Vic.

Einsatztaktische Faktoren

- Als Referenzgerüche gab es in beiden Fällen ein vom Täter und vom jeweiligen Freund der Geschädigten kontaminiertes Kleidungsstück bzw. angefertigte Geruchskopien davon.
- Zu Beginn des Einsatzes gab es keinerlei Zusammenhang zu einem früheren Fall.
- Eine der Hundeführerinnen (Vic) kannte beide Geschädigten, da diese am Ansatzpunkt des Hundes anwesend sein mussten.
- Die beiden anderen Hundeführerinnen (Gideon und Rizzo), die die Spur des zweiten Falls arbeiteten, waren ortsunkundig.
- Es stellte sich heraus, dass beide Geschädigten sich aus einer Disco kannten und dieselbe Täterbeschreibung abgaben.

- Zwei Spuren führten aus zwei Stadtteilen zum selben Endpunkt eines Wohnblocks.
- Zuzuordnen im Trailsystem: 2 e) Forensik, „Wo wohnt der Täter bzw. wohin ist er nach der Tat gegangen?“

Trainingselemente, bezogen auf diesen Fall

Der Start

Kontaminierter Geruchsartikel: Pullover einer Verleitperson (1. „Opfer“) wird von Zielperson (2. „Täter“) angefasst. Beide laufen zeitgleich eine Spur. Verleitperson ist am Start anwesend, um vom Trailer ausgeschlossen zu werden.
Schwerer: Pullover wird nach dem Legen der Spur zusätzlich von einer weiteren Person (3. „Freund“) angefasst. Diese ist ebenfalls am Start anwesend. Zum Verständnis: Der Pullover der 1. Verleitperson ist der Geruchsartikel für den Trail auf die Zielperson (diese hat den Pullover nur mal kurz angefasst).
Poolstart: Die 1. Verleitperson und die Zielperson halten sich einige Minuten am Start auf und bewegen sich dort ein paar Meter hin und her, bevor sie die Spuren legen.

Der Trail

Alter der Spur: testen, welches Alter der Spur für den PSH lösbar ist. In der Regel dürfte es bis zu 8 Wochen (Wetter unabhängig) keine Probleme geben, wenn der Hund Spurdifferenzierung gelernt hat.

Das Ende

Ende im Wohnpool

5 › Das Einkaufszentrum

Vermissung
Seniorin abgängig von Autowerkstatt. Handtasche an U-Bahn-Station gefunden. Wohin führt die Spur von der Autowerkstatt? War sie selbst an der U-Bahn-Station und hat die Tasche dort liegen lassen? Oder wurde ihr diese an einer anderen Stelle entwendet?

„Uuuund noch einmal gut festhalten, es geht wieder looooss losss losss sss!“, hallte es durch die Hochhausschluchten eines Münchner Stadtteils, der nicht gerade für seine Wohnqualität bekannt war. Rizzo und Gideon parkten den Transporter etwas abseits des Volksfestplatzes. An diesem Sonntagnachmittag schien sich das gesamte Viertel auf dem Frühlingsfest zu tummeln. Ein blondes Mädchen im Kindergartenalter wurde auf einem scheckigen Pony im Kreis herumgeführt, Jugendliche saßen auf den Metalltreppen am Eingang eines Fahrgeschäfts. Erwachsene reihten sich in die Schlangen vor den Essens- und Getränkeständen ein. Aus den Lautsprechern des Autoscooters tönte Beyoncé. Hauptkommissarin Rossetti und zwei weitere Beamte des Kriminaldauerdienstes warteten auf dem gegenüberliegenden

Gehweg auf die Ankunft der Personenspürhunde. Rossetti war eine dunkelhaarige Deutsch-Italienerin Anfang dreißig und hatte bei der bayrischen Polizei bereits eine beachtliche Karriere gemacht. Sie hätte von ihrem optischen Erscheinungsbild auch sehr gut in einer der US-amerikanischen CSI-Serien mitspielen können. Schlank, gut aussehend und irgendwie cool nahm sie ihre Sonnenbrille ab und begrüßte Rizzo und Gideon. „Hier ein paar Informationen für euch. Frau Marianne G. ist Anfang siebzig und hat am Freitagvormittag ihr Auto hier in die Werkstatt gebracht. Sie ist noch sehr fit und sollte das Fahrzeug so gegen 14 Uhr wieder von dort abholen. Als sie am späten Nachmittag immer noch nicht kam, rief der Werkstattbesitzer mehrfach bei ihr zu Hause an. Es meldete sich jedoch nur der Anrufbeantworter. Herr Karoglu kennt die Dame schon ein paar Jahre und beschreibt sie als eine sehr zuverlässige Kundin. Dass sie ihr Auto nicht abholt und sich auch nicht bei ihm meldet, erschien ihm doch sehr ungewöhnlich. Gegen Abend wurde ihre Handtasche an einer U-Bahn-Station gefunden. Die Geldbörse war noch vorhanden, samt Personalausweis, allerdings fehlte das Geld. Die Kollegen waren bereits am Freitag in ihrer Wohnung gewesen, dort war sie nicht anzutreffen. Ihre Tochter ist gestern aus dem Allgäu angereist und macht sich große Sorgen", beendete Rossetti das Briefing. In diesem Moment kam Zugführer Jo mit zwei weiteren Polizisten in einem Dienstwagen angefahren. Er hatte parallel bereits Geruchsartikel aus der Wohnung der Vermissten besorgt, die nur wenige Kilometer entfernt lag. Die Geruchsartikel waren mehrfach verpackt und die Lüftung des Dienstwagens sicherheitshalber ausgestellt, um keinen Geruch zu verteilen. Das Auto der Dame stand zwar noch auf dem Hof der Werkstatt, allerdings hatte der Mechaniker sich mehrfach hineingesetzt und war auch wenige Meter damit auf dem Gelände umhergefahren. Somit war das Auto kontaminiert und der Mechaniker hatte bei seinem Nachhauseweg eine Spur hinterlassen. Der Mann war sonntags nicht erreichbar und zum Ausschließen nicht am Start. „Also, der letzte Sichtungspunkt der Dame war hier an der Werkstatt. Oder war sie an der U-Bahn-Haltestelle, an der man die Tasche gefunden hat, auch gesehen worden? Wo ist das denn?“, fragte Rizzo die Hauptkommissarin. „Nein, gesehen wurde sie dort nicht. Wir wissen nicht, ob sie die Tasche selbst dort stehen ließ, beispielsweise beim Einsteigen in die U-Bahn. Oder ob ihr an einem anderen Ort etwas zugestoßen ist und eine fremde Person die Tasche dort abgestellt hat oder sie selbst an der U-Bahn war, die Tasche stehen ließ und von dort zu Fuß weitergegangen ist. Die Haltestelle, an der die Tasche gefunden wurde, ist drei Stationen von hier entfernt. Dort hinten ist ein Eingang zur U-Bahn“, sagte Rossetti und zeigte in Richtung einer stark befahrenen mehrspurigen Kreuzung, die ungefähr hundert Meter entfernt lag. Man konnte gerade noch das blaue U-Bahn-Schild erkennen. „Es macht auf jeden Fall Sinn, erst einmal einen Hund von hier zu starten, da dies der einzig gesicherte letzte Aufenthaltsort von Frau G. ist. Wir schauen dann, wohin er läuft. Die U-Bahn können wir danach immer noch checken“, bemerkte Gideon. Rossetti und Rizzo nickten zustimmend. Sie entschieden sich, mit Zaphira zu starten. Die Schweißhundmixhündin war sehr tough und hatte mit Ablenkung und Lärm keine Probleme. Sie war klein, schwarz und vom ehrgeizigen Typ. Sie trailte meist, als ginge es um alles oder nichts. Keine halben Sachen. Dabei arbeitete sie wenn möglich spurtreu. Die Einsatzumgebung war durch die Lage in der Innenstadt und dem nahe gelegenen Volksfest recht unübersichtlich. Es gab unendlich viele Möglichkeiten, wie die Dame verschwunden sein konnte. Zu Fuß, mit der U-Bahn, Trambahn oder dem Bus. Alle Haltestellen lagen sehr nah beieinander. Es machte also Sinn, einen Hund zu nehmen, der diese Möglichkeiten so genau wie möglich eingrenzen konnte.

Die Werkstatt lag direkt neben einer Tankstelle, an einer stark befahrenen Straße. Gegenüber befand sich das Volksfest, mit all seinen Gerüchen und Geräuschen. „Eine Traumstart-Location“, grinste Rizzo und nahm die Tüte, in der eine kürzlich getragene und noch ungewaschene Socke der Vermissten lag. Rizzo drehte sich und ihre Hündin mit dem Rücken zum Eingang der Werkstatt. Somit hatte sie alle Richtungen offen vor sich liegen. „Riiech und Such!“ Der Jagdhund streckte die Nase über den dargebotenen Referenzgeruch und drehte rechtsherum vor zur Straße, nahm dann die Nase tief und streifte wieder ein kleines Stück zurück auf das Werkstattgelände, an einer kleinen Mauer entlang. Rizzo gab etwas Leine nach. Zaphira drehte ab, wieder vor zur Straße, reihte sich auf dem Gehweg ein und galoppierte los. Rizzo und zwei Polizisten spurteten hinterher. Sie liefen ungefähr hundert Meter an der Straße entlang in Richtung der großen Kreuzung, bis sie auf ein paar Tramgleise stießen. Rizzo hielt die Hündin an, schaute links und rechts und gab ihr dann wieder Leine. „Weiter!“ Zaphira zog wieder an, bog links ab über die Fußgängerampel in Richtung einer Bushaltestelle. Dort standen ein paar wenige Leute, einige kamen gerade vom Frühlingsfest und wollten nun nach Hause fahren. Die Hündin streifte mit der Nase wenige Zentimeter von den Hosenbeinen der Wartenden entfernt entlang, checkte diese kurz ab und drehte von der Bushaltestelle ab. Auf der anderen Seite war ein großer Platz mit einem Brunnen, mehreren Cafés, verschiedenen kleineren Geschäften und einem großen Kaufhaus. Die Hündin nahm einen spitzen Winkel in Richtung Treppe, hinab in den Untergrund, der unterhalb der großen Kreuzung lag. Von dort aus gabelten sich mehrere Gänge auf. Es war ein Knotenpunkt für alle möglichen öffentlichen Verkehrsmittel. Es gab Aufgänge zur Straßenbahn, zu den Bushaltestellen und Taxiplätzen, aber auch Treppen, die weiter nach unten führten, ein Geschoss tiefer zur U-Bahn. Hier war schon deutlich mehr los. Ein paar Leute standen an den Fahrkartenautomaten an, andere beeilten sich, ihr gewünschtes öffentliches Verkehrsmittel zu erreichen. Ein Kiosk, der Zeitschriften,

Kaugummis und Erfrischungsgetränke führte, hatte geöffnet, was am Sonntag im katholischen Bayern nicht selbstverständlich war. Rizzo blendete alles aus, konzentrierte sich nur auf ihren Hund und trailte mit Tunnelblick weiter.

Rizzo hielt die Leine kurz, um besser zwischen den Leuten hindurchzukommen, ohne diese umzurennen. Zaphira ignorierte den Trubel weitestgehend, checkte nur mal hier, mal da ein Geländer oder einen Türgriff kurz ab und zog unbeirrt weiter. Sie mussten sich jetzt bereits auf der anderen Seite der Kreuzung befinden. Sie waren am Ende des Hauptgangs angekommen. Von hier aus ging es nur noch nach unten oder zurück an die Oberfläche. Rizzo gab dem Schweißhund deutlich Leine, damit er die Richtung vorgeben konnte. Zaphira war unterwegs in Richtung Treppe zur U-Bahn, drehte aber kurz vorher ab und kam vorn hoch. Sie zog links weiter zu einer breiten Schiebetür aus Glas, dem unterirdischen Zweiteingang des großen Kaufhauses. Rizzo nahm schnell wieder Leine auf, damit die Hündin nicht mit dem Kopf gegen das Glas lief. Das konnte bei einer konzentrierten Suche schnell mal passieren. Zaphira kippte die Nase ab, knickte mit den Vorderbeinen leicht ein, so wie sie es immer kurz vor der „Platz"-Anzeige machte. Die Hündin schien äußerst konzentriert den Türspalt zu scannen, von rechts nach links und wieder ein Stück zurück. In der Mitte hob sie den Fuß an und drückte mit der Pfote und ihrer Nase gegen das Glas, legte sich kurz darauf ins „Platz". Rizzo wartete einen Moment, ob Zaphira sich noch einmal vom Eingang lösen und weiterlaufen würde. Als dies auch nach einer kurzen Aufforderung nicht geschah, schnallte sie die Hündin ins Halsband um und ging zusammen mit den beiden Polizisten zurück zum Ausgangspunkt. Unterwegs funkte sie Jo an und gab ihm das Ergebnis der Suche durch.

„Die U-Bahn kann ich nicht völlig ausschließen, da der Bahnsteig direkt unterhalb unseres Endpunkts an dem Eingang des Kaufhauses liegt und der Bereich komplett offen ist. Durch das Einfahren der U-Bahn treten starke Verwirbelungen auf, und der Zugang dorthin führt über den Gang und die Treppe, die ebenfalls an der Glastür des Kaufhauses liegen. Die Treppe ist sie allerdings nicht nach unten gelaufen. Die Zielperson kann sich nun also entweder in dem vom Hund angezeigten Kaufhaus befinden, oder sie ist mit der U-Bahn weggefahren. Trambahn, Bushaltestellen und die anderen Aufgänge kann ich nahezu ausschließen, da der Hund hier keinerlei Interesse gezeigt hat. Die letzte Spur von Frau G. führt mit ziemlicher Sicherheit in das erste Untergeschoss", fasste Rizzo das Ergebnis der Suche mit Zaphira zusammen. Rossetti machte sich Notizen und besprach ihr Diktiergerät mit den bisherigen geschilderten Erkenntnissen. Dann führte sie zwei Telefongespräche mit ihrem Handy. „Das Kaufhaus wird jeden Abend vom Sicherheitspersonal abgelaufen und die einzelnen Abteilungen kontrolliert. Dass sich Frau G. noch darin befindet, ist eher unwahrscheinlich. Die Abteilungen sind größtenteils videoüberwacht. Wenn dort eine Frau liegen würde, wäre das sicher aufgefallen", berichtete Rossetti von den Ergebnissen ihrer Telefonrecherche. „Okay, gut. Nachdem wir die U-Bahn nicht völlig ausschließen können, auch wenn der Hund jetzt dort nicht direkt hingelaufen ist, bleibt ein Restrisiko. Es macht auf jeden Fall Sinn, die U-Bahn-Station zu checken, an der die Handtasche gefunden wurde", warf Gideon ein. Rizzo und Rossetti stimmten zu.

Als sie an besagter Station angekommen waren, holte Gideon Hitchcock. Er würde auch ein Ansatznegativ sicher anzeigen.

Rizzo und Rossetti begleiteten die beiden zur U-Bahn. Sie liefen die Treppen hinunter ins Untergeschoss und ein paar Meter den Bahnsteig entlang. „Hier stand die Tasche." Rossetti zeigte auf eine graue Metallgitterbank, wie sie in München an den U-Bahn-Steigen üblich waren. Zu bedenken war hierbei, dass die Tasche von dieser Stelle aus von einer Person weggetragen wurde und somit bei einem

Negativ dennoch ein wenig Geruch in eine Richtung vorhanden sein würde. „Wenn die vermisste Dame gar nicht hier war, wird Hitch nicht laufen oder gegebenenfalls ein paar Meter der Tasche hinterher, aber dann umdrehen. Wenn die Dame von hier aus irgendwo hingelaufen ist und die Tasche nur hier vergessen hat, wird die Frage sein, wohin sie gelaufen ist und wo ihr unterwegs etwas zugestoßen sein könnte", resümierte Gideon. Dann gab sie Hitchcock den Geruchsartikel, den sie mitgenommen hatte. „Hitch, Riiech und Such!" Hitchcock startete nicht sofort wie üblich, sondern drehte sich zu der Metallbank und roch am Boden. Dann nahm er den Kopf hoch, es sah aus, als würde er kurz nachdenken. Dann trabte Hitch los und lief die Treppe hinauf, die sie vorher hinuntergestiegen waren. Oben angekommen, bog er nach links ab. Er lief durch einen kleinen Park, hielt sich weiter nach links, trabte durch ein paar kleinere Straßen. Nach einer Weile zog er in den Eingang eines griechischen Restaurants, kam wieder heraus und lief zu dem zugehörigen Parkplatz hinterm Haus, von wo aus er nicht mehr weiterwollte. Sie waren einen Halbkreis gelaufen. „Mmh, irgendwie war er am Anfang so schwammig. Dann lief er besser, und hier will er jetzt nicht mehr weiter", sagte Gideon. Rossetti ging in das Restaurant hinein, um sich dort nach der vermissten Frau zu erkundigen, Rizzo und Gideon blieben mit Hitch draußen. „Hallo, guten Tag!" Rossetti ging auf einen Mann zu, der hinter der Theke Getränke einschenkte. „Sind Sie der Besitzer?", fragte sie ihn. „Ja, das bin ich", antwortete er. „Kann ich Ihnen helfen?" - „Ja vielleicht. Haben Sie diese Frau hier gesehen? Sie wird seit zwei Tagen vermisst." Rossetti hielt ihm ein Foto von Marianne G. hin. „Na ja, ich bin mir nicht ganz sicher, aber ich glaube, die Dame war letzte Woche hier zum Essen mit ihrer Familie." Rossetti zog die Augenbrauen hoch. „Vielen Dank, Sie haben uns sehr geholfen. Einen schönen Tag noch", verabschiedete sie sich und verließ das Restaurant. Draußen holte sie ihr Handy aus der Tasche und rief die Tochter der Vermissten an. „Hallo, Rossetti hier.

Wir haben eine Frage an Sie: Wissen Sie, ob Ihre Mutter kürzlich in dem Restaurant Aphrodite in der Weinstraße war?" - „Ja, da waren wir letzte Woche mit ihr und haben ihren 72. Geburtstag zusammen gefeiert", antwortete diese erstaunt. „Wie ist sie denn dorthin gekommen?", wollte Rossetti wissen. „Sie ist mit der U-Bahn gefahren, weil sie vorher noch bei ihren Freundinnen zum Skatspielen war. Dann haben wir uns dort getroffen und sind nach dem Essen zusammen mit dem Auto zu ihr nach Hause gefahren."

„Okay, das heißt also, dass wir hier wahrscheinlich eine alte Spur bis zum Lokal hatten, dann auf dem Parkplatz ein Negativ, da die Vermisste hier mit ihrer Familie mit dem Auto weggefahren ist. Somit ist es eher unwahrscheinlich, dass sie die Tasche selbst an der U-Bahn-Station stehen ließ. Sonst wäre Hitch ja eine frische Spur gelaufen", fasste Gideon zusammen. „Bleibt also nur die Spur von der Autowerkstatt ins Untergeschoss. Dort könnte ihr dann auch die Tasche abhandengekommen sein. Die Frage ist nach wie vor, was ihr zugestoßen ist. Vielleicht wurde sie ja überfallen", überlegte Rizzo. „Wir sollten auf jeden Fall doch das Kaufhaus einmal aufsperren und sicherheitshalber absuchen lassen, da sich dort am Eingang die letzte Spur verliert und Zaphira so intensiv durch die Türritze gerochen hat", beschlossen die drei gemeinsam. Nach einer Weile rückte der Sicherheitschef mit dem Schlüssel an. Begeistert war er nicht, am Sonntag zum Kaufhaus zu kommen; er sperrte etwas mürrisch auf. Rizzo und Gideon warteten mit den Staffelkollegen am Sammelpunkt. Wenn die Suche negativ verlaufen sollte, würden sie noch die nächstgelegenen U-Bahn-Stationen abchecken. Nach einer halben Stunde meldete sich Rossetti: „Wir haben sie! Sie lebt noch, es geht ihr den Umständen entsprechend gut. Sie ist ansprechbar, aber wohl etwas dehydriert. Der Krankenwagen müsste jeden Moment eintreffen. Gute Arbeit, danke euch!"

Frau G. wurde ins Krankenhaus gebracht und dort ein paar Tage aufgepäppelt und beobachtet. Sie war dehydriert, hatte ein paar

Prellungen an der Hüfte und leichte Kopfverletzungen. Sie erzählte der Polizei, dass sie im Treppenhaus auf dem Weg zu den Toiletten überfallen worden war und ein junger Mann ihr die Tasche entrissen hatte. Sie stürzte und war wohl eine Weile bewusstlos. Anscheinend hatte sie dort niemand liegen sehen, da sich das Treppenhaus außerhalb der videoüberwachten Bereiche befand. Es wäre sogar ein Notfallknopf an der Treppe in der Nähe von Frau G. gewesen, den sie aber nicht drücken wollte, „um keine Umstände zu machen". Vielleicht kam sie aber auch einfach nicht an ihn heran, da sie nicht aufstehen konnte. Ein Handy besaß sie nicht. Die Situation war ihr sehr unangenehm. Sie dachte, dass sie spätestens am Montag schon jemand finden würde.

Einsatztaktische Faktoren

› Es gab ausreichend gute Geruchsartikel aus der Wohnung der Vermissten.
› Suchgebiet mit viel Ablenkung (Volksfest, Tankstelle, U-Bahn, diverse öffentliche Verkehrsmittel, große Straßen/Kreuzung …).
› Start mit SHT „Ehrgeizig/Gewissenhaft", da viel Ablenkung und diverse Möglichkeiten an Gebäuden und öffentlichen Verkehrsmitteln => möglichst genaues Eingrenzen (gewissenhaft; Gebäude? U-Bahn? Trambahn? Bus?).
› Wenig alte Spuren unter dem Trail, da Wohnung ein paar Kilometer entfernt.
› Die Zielperson war bekannt.
› Alter der Spur zum Kaufhaus ca. 50 Stunden.
› Alter der Spur von der U-Bahn-Station zum Restaurant ca. 6 Tage.
› Hauptthema: Zielperson befand sich in einem nahe gelegenen, verschlossenen Gebäude direkt an einer U-Bahn-Haltestelle.

Das Gebäude galt als abgesucht => Gefahr ist hier, das Kaufhaus zu „überlaufen“ und nur an die U-Bahn zu denken, da öffentliche Verkehrsmittel in der Stadt häufig das Ende einer Spur darstellen. Zweites Thema: Da von der gefundenen Handtasche ebenfalls eine (ältere) Spur wegführte, hätte man hier auch denken können, die Zielperson habe die Tasche selbst dort abgestellt. Da die Spur aber nur im Halbkreis verlief und an dem Restaurant endete, an dem die Familie eine Woche zuvor gegessen hatte, lag die Vermutung nahe, dass es sich hierbei um eine alte Spur handelte. Somit war die Spur ins Untergeschoss wahrscheinlich die frischere.

› Häufig gelten Gebäude als abgesucht und die Zielperson befindet sich dennoch darin. Sollte man von dem Gebäude nicht wegkommen, muss man es immer noch im Hinterkopf behalten! Abstellkammern, Lastenaufzüge etc. unbedingt noch einmal kontrollieren!
› Zuzuordnen im Trailsystem: 1 a) Klassische Vermissung, „Wo ist die VP hingegangen?“

Trainingselemente, bezogen auf diesen Fall

Der Start

Ablenkung (Augen, Nase, Ohren): Start auf oder gegenüber eines Volksfestes (oder Ähnlichem) oder an einer Tankstelle, die an einer befahrenen Straße liegt.

Der Trail und das Ende

Innenstadt: führt geradeaus an einer (stark) befahrenen Straße entlang, geht über eine oder mehrere große Kreuzungen (oder durch Unterführung etc.).

Ende in einem Kaufhaus (nur wo Hunde erlaubt sind).
Leicht: VP steht gleich in der Nähe des Eingangs (bzw. dort, wo die Spur hineinführt).
Mittel: VP befindet sich im selben Stockwerk, aber weiter drinnen im Gebäude.
Schwer: VP befindet sich in einem anderen Stockwerk, ggf. hinter einer Tür oder in einer Kabine etc.

Zwei Trails hintereinander: Der erste Trail endet an U-Bahn-Haltestelle (Negativ, mit U-Bahn weggefahren), der zweite Trail beginnt an der nächsten U-Bahn-Haltestelle und führt entweder irgendwohin oder endet mit einem Negativ (z. B. mit Bus weitergefahren).

6 › Die Frau in der Mülltonne

Forensik: Rekonstruktion
Junge Frau, tot in Biomülltonne aufgefunden. Identität unbekannt. Woher kam die Frau? Wir trailen „rückwärts".

Rückwärts trailen wir in diesem Sinne nicht. Wir haben allerdings immer wieder Spurrekonstruktionen im Einsatz und können unter gewissen Umständen herausfinden, wo eine Spur herkommt. Es ist ein wenig umständlich, aber es kann funktionieren, wenn die Umgebung passt und nicht zu viele Spurüberlagerungen vorhanden sind. So wie in diesem Fall, als eine junge Frau von einem Rentner am frühen Morgen in der Biomülltonne seines Hauses in einem Stadtteil in München aufgefunden wurde. Die Mülltonne sei schief gestanden, das sei ihm sofort aufgefallen. Er habe sich schon erschreckt, als er den Deckel hob, um den Müll einzuwerfen, und in ein Gesicht blickte, aber den Umstand gut verkraftet. Er sei ja sein Leben lang bei der Bundeswehr gewesen, da müsse man schließlich auch einiges aushalten. Ihre Ballerinaschuhe habe sie in der Hand gehalten, erzählte er. „Gerade so in der Hocke“ habe sie in die Tonne gepasst. „Bequem hat s' ned ausg'schaut“, berichtete er im bayrischen Dialekt. Rizzo, Gideon und Sally, ihre langjährige Staffelkollegin, wurden von den Polizisten zum Fundort gebracht. Ein gewöhnlicher Hinterhof in einem noch gewöhnlicheren Wohngebiet. Durchschnittlich große Häuser aus der Nachkriegszeit mit ebenso durchschnittlich kleinen Gärten. Keinesfalls eine heruntergekommene Gegend; auch wenn es hier und da der Nachbesserung bedurft hätte, war die Siedlung insgesamt doch recht ansehnlich. Null Hektik an diesem Dienstagvormittag, kein Lärm, nichts Ungewöhnliches. Zum Leben auf den ersten Blick alles in allem sehr beschaulich. „Wie es aussieht, ist die Frau wohl eigenständig in die Mülltonne geklettert“, berichtete Herr Wulf von der Mordkommission. „Wir wissen bislang nichts über sie. Ihre Identität ist noch ungeklärt. Ob sie vor jemandem davongelaufen ist oder warum sie in die Tonne kletterte, wissen wir nicht. Ebenso ist die Todesursache noch ungeklärt. Die Frage ist nun, ob ihr mit euren Hunden herausfinden könnt, woher die Frau gekommen ist. Aus welcher Richtung quasi. Und ob ihr gegebenenfalls sogar einen Wohnblock eingrenzen könnt. Eine Vermisstenmeldung ist bislang auch nicht eingegangen“, fuhr der Kommissar weiter fort. „Als Referenzgerüche hätten wir für euch Gaze, die wir in die Ballerinas gesteckt haben, damit es, wie telefonisch besprochen, für mehrere Hunde ausreicht.“ „Wir können nichts versprechen, aber wir versuchen es auf jeden Fall. Es wird wahrscheinlich eine Weile dauern, bis wir ein Ergebnis haben, da wir uns von Kreuzung zu Kreuzung vorarbeiten müssen“, antwortete Gideon dem Kommissar. Dieser nickte und öffnete den Kofferraum seines Dienstwagens, in dem die verschweißten und nummerierten Tütchen mit den Geruchsartikeln lagen. Sally, Rizzo und Gideon nahmen sich jeweils zwei Tüten. „Wir benötigen zudem einen Stadtplan von dem Viertel hier, damit wir einzeichnen können, welchen Hund wir wo ansetzen, und das Ergebnis protokollieren können“, sagte Gideon zu Jo, der in der Zwischenzeit ebenfalls am Einsatzort angekommen war. „Den hab ich schon ausgedruckt“, grinste Jo und hielt triumphierend den Stadtplan hoch. „Bist halt der beste Zugführer“, gab Rizzo zurück. Sie zeichneten zuerst den Fundort der Leiche ein. „Wir haben von hier aus gesehen erst einmal drei grobe Richtungen, aus der die Frau gekommen sein könnte. Die Seite dort hinten fällt eher weg, da sich dort das Kasernengelände befindet, das rundum eingezäunt ist. Unwahrscheinlich, dass sie von dort gekommen ist. Um die Hunde nicht zu ermüden, lassen wir am besten den ersten Ring von einem Hund checken und arbeiten nicht parallel schon mit den anderen Hunden. Wir stehen bei diesem Fall ja nicht so unter Zeitdruck wie bei einer Vermissung. Falls ein Treffer dabei ist, können wir uns die anderen Richtungen ersparen. Wir haben bestimmt noch einige Kreuzungen vor uns, falls die Frau nicht in der unmittelbaren Nachbarschaft wohnt“, beendete Rizzo ihre Überlegungen. „Mit wem fangen wir an?“, wollte Sally wissen. „Tara wäre gut, da sie eher gewissenhaft arbeitet. Dann müssen wir vom Fundort nicht allzu weit weggehen, da sie nicht mit hoher Nase über Witterung in den Pool hineinarbeitet, sondern nur eine vorhandene Spur läuft“, antwortete Gideon. „Okay, dann fang ich an“, sagte Sally. Sie zeichneten die drei ersten Startpunkte ein, an denen Tara angesetzt werden sollte. „Wenn die Frau hier gewohnt hat, kann es natürlich sein, dass wir auf einer alten Spur ansetzen“, sagte Gideon zu den Polizisten; diese stimmten zu. „Wir lassen die Hunde am besten ein Stück weiterlaufen, damit wir sehen, ob wir am Fundort rauskommen. So können wir dann sagen, ob es die letzte Spur war“, fuhr sie weiter fort. Sally fuhr mit zwei Polizisten zum ersten Ansatzpunkt. Die Kreuzung war mehrspurig, ein Supermarkt lag auf der einen Seite, eine Bushaltestelle auf der anderen. „Ich setze etwas abseits vom Supermarkt an“, entschied Sally, holte ihre vierjährige Magyar-Vizsla-Hündin aus dem Auto und zog ihr das Suchgeschirr an. „Riiiech und Such!“ Die Hündin schoss los, zog über eine Fußgängerampel und überquerte die nächste Straße, wurde dann deutlich langsamer, kam hoch, ging in die nächste Straße hinein und drehte dort wieder heraus. Sally brach die Suche ab. „Erst dachte ich, sie hat schon Geruch, aber sie dreht mir überall raus und kommt nicht weg, also eine frische Spur von hier Richtung Fundort gibt es nicht“, gab Sally mit dem Funkgerät an Jo durch. Sie fuhren zum nächsten Ansatzpunkt und setzten Tara erneut kurz vor einer kleineren Kreuzung an. Die Hündin zog zur anderen Straßenseite hinüber und trailte geradlinig los, tauchte ein und machte sich lang. An einer Stelle fing sie an zu buchstabieren, mit tiefer Nase am Asphalt zu kleben und sich in jagdhundtypischen Windebewegungen vorwärtszuschlängeln. Sally konnte jetzt deutlich ein Schnüffelgeräusch hören. Sie gab etwas Leine nach. Tara nahm einen Abgang durch ein Gebüsch etwas abseits der Straße, dort tat sich ein kleiner Trampelpfad auf, der durch ein Miniwäldchen führte. Leere Bierflaschen, Scherben, benutzte Taschentücher, Getränkedosen und zerrissene Plastiktüten diverser Einkaufsmärkte lagen überall auf dem Boden verteilt herum. Es roch nach Urin und billigem Alkohol. Sie ließ die Hündin weiterlaufen. Nach einer Weile kamen sie tatsächlich in der Nähe des Fundortes an, trailten aber an der Straße, die zum Hof führte, vorbei. Noch ein paar Meter weiter, dann bog die Hündin in eine Parallelstraße ab. Tara zog plötzlich stärker an, man konnte ihre Krallen auf dem Asphalt kratzen hören. Dann begann sie hin und her zu pendeln, drehte einen Kreis zurück und sprang an einem Zaun hoch. Er grenzte ein großes schattiges Grundstück mit Baumbestand ein, sie konnten einen Holzschuppen zwischen zwei Tannen sehen. An einer Stelle waren die Zaunlatten etwas herausgebrochen. Die Hündin versuchte sich hindurchzuzwängen, Sally hielt sie zurück. „Das ist die Rückseite des Fundortes. Die Mülltonnen stehen in der Nähe des Holzschuppens dort hinten“, sagte einer der Polizisten.

„Dieser Weg würde jedenfalls Sinn machen, wenn die Frau vor jemandem geflüchtet ist", meinte dieser weiter. Sally ließ ihre Hündin absitzen, die unbedingt in das Grundstück wollte, und streichelte ihr über den Rücken. „Fein gemacht. Ist gut, Maus, hier ist fertig jetzt", lobte sie und klinkte die Leine vom Geschirr in das Halsband um, zog das Geschirr aus und ging zu den anderen hinüber. „Wir haben die erste Richtung gefunden und sind hier am Fundort angekommen", berichtete sie von ihrem Suchergebnis und gab Jo ihr GPS zum Auslesen. Zusätzlich zeichnete sie Taras Trail noch in den ausgedruckten Stadtplan ein und nummerierte diesen. Die erste abgecheckte Kreuzung markierte sie mit einem Minus für Negativ.

„Am zweiten Startpunkt zog sie hinüber auf die andere Straßenseite. Dadurch ist es gut möglich, dass der Straßenarm vor der Kreuzung der ist, aus dem die Frau gekommen ist. Sonst wäre Tara einfach nur auf die Kreuzung zugelaufen und hätte sich dann auf die Spur gearbeitet", stellte Sally fest. „Gut, dann gehen wir in die von Tara angezeigte Richtung ein ganzes Stück weiter zurück. Die Straße verläuft eine ganze Weile nur geradeaus, mit nur zwei bis drei kleinen Abzweigungen", antwortete Gideon. Sie markierten zwei markante Stellen auf dem Stadtplan, die sie von Hitch überprüfen lassen wollten. „Ist diese positiv, dann machen wir dort weiter. Wenn die andere positiv ist, dann dort." Gideon kreiste zwei weitere Punkte ein. Dann setzte sie mit Sally und Rizzo zusammen zum ersten Ansatzpunkt um. Hitch lief nach Eingabe des Referenzgeruchs gleich los und zeigte sicher die Spur an. Gideon musste ihn nicht so weit laufen lassen. Er schlug die Richtung von Taras zweitem Startpunkt ein. Gideon nahm den Bluthund aus der Suche raus und brach ab. „Gut, Hitch, warte, wir haben noch ein Stück zu überprüfen", sagte sie und brachte ihn zurück zum Auto. Dort gab sie ihm etwas Leberwurst aus der Tube und funkte das Ergebnis an Jo durch. „Gut, dann noch ein Stück weiter zurück, auf der Straße zum nächsten markierten Punkt." Sie gingen wieder ein Stück weiter zurück und setzten den Hund an einer relativ offenen Stelle an, bei der er mehrere Möglichkeiten hatte und gegebenenfalls auch ein Stück weit zur Spur überbrücken konnte. „Riiiech und Such!" Hitch warf sich herum, trabte los bis zu einer Zaunecke. Dort blieb er stehen. „Auf geht's, Hitch", versuchte Gideon den Rüden zu motivieren. Der lief noch ein Stück weiter und drehte dann ab. „Mmh, ich schau noch mal dahinten." Gideon ging ein Stück weiter. Auch dort lief der Bloodhound nicht wirklich los. „Nee, hier ist nichts. Wir sind anscheinend doch ein Stück zu weit zurückgegangen. Es muss auf der Geraden dazwischen noch einen Abgang geben. Da können wir aber zu Fuß hinlaufen und noch einmal starten", sagte Gideon. Rizzo und ein Streifenwagen folgten ihr. Nach ein paar Minuten setzten sie Hitchcock wieder an einer kleinen Querstraße an. Er ging ein paar Meter hinein, drehte dann auf die andere Seite hinüber und zog wieder hinaus auf die Gerade, bog rechts ab und galoppierte los. „Also hier ist sie wohl rausgekommen!", rief Rizzo vor zu Gideon. „Ja genau. Wir waren vorhin schon zu weit", antwortete Gideon. Sie ließ Hitch noch ein Stück weiterlaufen und nahm ihn dann wieder aus der Suche, lobte ihn und sie liefen zum Auto zurück. Rizzo gab Jo die kleine Querstraße durch. Am Auto zeichneten sie die Spur wieder in die Karte ein und markierten die nächsten Ansatzpunkte. Das Gebiet wurde jetzt ein wenig verschachtelter mit mehreren kleinen Abzweigungsmöglichkeiten. Es ging in Richtung Wohngebiet. „Ab jetzt können wir nicht mehr so weit zurückgehen, müssen kürzere Strecken einteilen. Falls die Frau hier wohnt, gibt es auch alte Spuren, dann wird es schwierig", sagte Rizzo. Sie markierten drei Punkte und setzten Heaven am ersten an. Die Hündin nahm die Nase hoch und roch zu einer Seite hinüber. Dann zog sie an und drehte in einem spitzen Winkel in eine kleinere Straße hinein. „Ich glaube, von hier kommt die Spur. Heaven hat sich rübergearbeitet!", rief Rizzo Sally zu, die hinter ihr herlief. Sie ließen Heaven das Stück bis zu der großen Geraden laufen, an der sie vorher mit Hitchcock herausgekommen waren. Dann gingen sie zurück, um die von Heaven angezeigte Straße etwas weiter zurückzuverfolgen. Sie setzten noch einmal 150 Meter zurück, bis zu einem Platz, um den herum mehrere Wohnblöcke standen, und starteten den Bloodhound in der Mitte des Platzes. Heaven zog an den Rand zu einer Hauswand und in einen kleinen Durchgang hinein, um auf der Rückseite des Wohnblocks wieder herauszukommen. Auf dem dazugehörigen Anwohnerparkplatz drehte sie einen Kreis ab und trailte weiter an der Hauswand entlang zurück in Richtung des vorherigen Startpunkts. Sie checkte ein paar Hauseingänge, buchstabierte zwischendurch mit tiefer Nase, um sie dann wieder nach oben zu nehmen und anzuziehen, zeigte deutliches Wohnpoolverhalten. An einer Hausecke nahm der Hund deutlich Körperspannung raus. „Ich nehme sie jetzt hier raus. Wir können Hitch noch einmal ansetzen, um den Wohnblock zu überprüfen“, sagte Rizzo und hängte die Hündin in ihr Halsband um. Hitch zeigte an einer Stelle ein Negativ an und kreiste aus verschiedenen Richtungen den Wohnblock ein. Von dort wollte er weiter die Spur zum Fundort laufen. Sie brachen die Suche ab und fuhren zurück zum Fundort der Leiche, um sich mit Jo und der Polizei zu besprechen. Im Lauf der folgenden Stunden wurde das Wohngebiet von der Polizei abgegangen und der Ehemann der Frau meldete sich nach einer Weile. Die Frau war wahrscheinlich unter Drogeneinfluss in Panik geraten und in der Nacht in die Mülltonne geklettert. Dort war sie erstickt.

Einsatztaktische Faktoren

- Referenzgerüche waren Kopien (in die Schuhe eingelegte Gaze).
- Die Identität der Zielperson war nicht bekannt.
- Die Spur war ca. zwölf Stunden alt.
- Hauptthema: Die Person wurde aufgefunden, ihre Identität war nicht bekannt. Woher kam die Person? Normalerweise trailen Personenspürhunde von einem Verschwindepunkt aus in die Richtung, in die auch die Person gelaufen ist, und nehmen dabei immer die frischeste Spur. In diesem Fall arbeiten sich die Hunde „rückwärts" zum Startpunkt der aufgefundenen Person, indem Kreuzung für Kreuzung überprüft wird, ob die Person aus dieser Richtung gekommen ist.
- Erster Suchhund „Tara" war vom Suchhundetyp „Gewissenhaft", er wurde am nächsten zum Fundort der Leiche angesetzt und arbeitete sehr genau nur die Spur aus. Somit wurde vermieden, dass der Hund in die Witterung zum Endpool arbeitete und somit keine klare Aussage über Spur ja/nein hätte treffen können. Zweiter Suchhund „Hitch" war vom Typ „Gelassen/Ehrgeizig", damit man ein größeres Stück und eine offene Stelle abdecken konnte. Dieser SHT arbeitet sich zur Spur hin und zeigt auch ein Negativ sicher an. Dritter Hund „Heaven" war vom SHT „Gelassen/Gewissenhaft", da das Suchgebiet enger und verschachtelter wurde und man sich einem Wohngebiet näherte (viele kleine Gassen, evtl. Einkreisen eines Wohnhauses), Anzeigen eines Wohnpools.
- Die Personenspürhunde kreisten ein Wohngebiet ein (zeigten hintem dem Wohnblock Negativ, kreisten in der Nähe des Wohnblocks, arbeiteten Spur zum Fundort).
- Zuzuordnen im Trailsystem: 2 a) Forensik, „Wo ist die aufgefundene Person hergekommen?"

Trainingselemente, bezogen auf diesen Fall

Rekonstruktion: VP läuft eine Spur in unkontaminiertem Gebiet, in dem die Richtungen taktisch gut eingeteilt werden können (mindestens 500 Meter), und hält sich am Endpunkt eine Weile auf. Die VP wird dann mit einem Fremdauto – Lüftung aus – weggefahren oder bleibt vor Ort.
Kreuzungen checken: Hund wird deutlich abseits der Spur angesetzt. Je nach Suchhundetyp Entfernung einplanen, da sich der Hund sonst zur Spur hinarbeiten kann. Hund zeigt Negativ an und wird an einer anderen Stelle entweder direkt auf oder in der Nähe der Spur angesetzt und läuft (zur) Spur.

In weiteren Trainings können Spurlänge, Spuralter und Umgebung gesteigert werden. Die VP kann dann auch wie im beschriebenen Fall von zu Hause aus losgehen. Die Hunde arbeiten sich in den Wohnpool und kreisen das Haus ein. Referenzgerüche und Zeiten variieren!
Außerdem können die Negativs erschwert werden, indem man an einer Negativkreuzung einen oder mehrere Teamkollegen mit Hund von dort weggehen lässt => frische und bekannte Spuren über dem Negativ. Der Personenspürhund muss trotzdem sicher das Negativ anzeigen.

7 › „Abgerutscht“

Vermissung/Rettung
Rentner von zu Hause nach Spaziergang abgängig. Wohin führt seine letzte Spur?

„Ja klar, wir kommen! Haben allerdings eine Anfahrtszeit von über zwei Stunden, sind frühestens gegen vierzehn Uhr da“, informierte Gideon den Zugführer. „Den Hubschrauber haben s' heute Vormittag schon fliegen lassen und die Umgebung so weit mit der Streife auch schon abgesucht. Herr Konrad L. ist zwar schon Ende siebzig, allerdings noch gut zu Fuß. Er geht jeden Tag eine größere Runde spazieren. Gestern kam er nicht nach Hause zum Abendessen zurück“, antwortete Jo. „Alles klar, wir beeilen uns. Fahren gleich los“, beendete Gideon das Telefongespräch. Der Sohn des Vermissten öffnete die Tür, er war fahl im Gesicht und wirkte sehr angespannt. Jo und ein Polizist traten ein, um einige Geruchsartikel des Vermissten zu holen. Der Hausflur war dunkel und eng, es roch etwas modrig und nach Schnitzel und Bratkartoffeln vom Vortag. An der Wand hingen Landschaftsbilder aus Stickgarn in verschieden großen Holzrahmen.

Der Sohn führte die Männer zum Schlafzimmer seines Vaters. Beim Eintreten mussten sie die Köpfe einziehen, um sich nicht an dem niedrigen Türrahmen zu stoßen. „Das Haus ist schon sehr alt", sagte der Sohn fast entschuldigend. Das Zimmer war ordentlich aufgeräumt. In der Mitte des Raums stand ein Holzbett, das Kopfende war reichlich verziert mit geschnitzten Ornamenten. Über der Kante des Holzbetts am Fußende hing fein säuberlich zusammengelegt ein hellblauer Flanellschlafanzug, der nicht mehr neu aussah. „Haben Sie die Sachen da angefasst?", fragte Jo den Sohn und zeigte auf den Schlafanzug. „Nein, ich war nur kurz hier drin, um nachzuschauen, ob sich mein Vater vielleicht hingelegt hat. Angefasst habe ich nichts." - „Das ist gut. Dürfen wir das als Referenzgeruch verwenden?", fragte Jo. Der Sohn nickte. „Ja natürlich." Der Zugführer tütete den Schlafanzug ein. Die Hose in eine, das Oberteil in eine andere Tüte. „Mehr brauchen wir erst einmal nicht, wir haben heute nur zwei Mantrailer dabei." Der Polizist nickte. Der Sohn brachte die beiden wieder hinaus. Rizzo und Gideon warteten draußen am Transporter und richteten die Suchgeschirre und Leinen her. Die Sachlage war ausnahmsweise einmal recht einfach. Es gab eine vermisste Person, die von zu Hause aus zu Fuß unterwegs war. In dem Wohnort des Vermissten gab es keine öffentlichen Verkehrsmittel, außer einer Buslinie, die durch die Stadt zum Bahnhof fuhr. Die einzige Schwierigkeit war, dass der Vermisste immer dieselbe Strecke spazieren ging. Ihm war wahrscheinlich auf dieser Runde etwas zugestoßen. Die Hunde mussten also unterwegs den frischesten Abgang bekommen und nicht der „Geruchsautobahn" folgen. Der Sohn war bereits seit dem vorigen Abend und die gesamte Nacht hindurch auf der Suche nach seinem Vater gewesen und hatte somit frischere Spuren, wahrscheinlich auch über die letzte Spur des Vaters gelegt. Es waren relativ unkontaminierte Referenzgerüche vorhanden. Der Sohn war zudem am Start anwesend und konnte von den Hunden ausgeschlossen werden. Man musste es ihnen ja nicht unnötig schwer machen. Gideon machte Hitch startklar und ging mit ihm und Rizzo zum Haus von Konrad L. Gideon öffnete die Tüte und ließ Hitch an der Schlafanzughose riechen. „Riiech und Such“, gab sie dem Bloodhound das Startkommando und warf die Tüte etwas hinter sich in Richtung Hauswand. Hitch schmiss den Kopf herum und trabte nach links, die Straße bergauf. Kyle rannte als Suchgruppenhelfer hinterher. „Der Vater ist sicher rechtsrum gelaufen. Er geht immer nach rechts zur Burg rauf. Nach links läuft er nie“, sagte der Sohn zu den Polizisten, Jo und Rizzo. Hitchcock grub die Hinterläufe breitbeinig in den Asphalt. Rizzo konnte noch das Kratzgeräusch der Krallen auf der Straße hören, dann war der Suchtrupp hinter der ersten Kurve verschwunden. Rizzo blieb beim Zugführer am Startpunkt zurück, falls sie mit einem zweiten Hund später würde starten müssen. Das Gelände war sehr hügelig, Herr L. lebte unterhalb einer alten Burg in leichter Hanglage. Die Straße schlängelte sich weiter bergauf, der Asphalt war größtenteils stark abgenutzt und stellenweise rutschig. Ab und zu ging eine Einfahrt zu einem Wohnhaus ab. Hitch blieb weiter auf dem Hauptweg und zog Gideon nach oben, Kyle trabte hinterher. Nach ein paar Minuten waren sie auf einem Wiesenplateau angekommen, auf dem eine Herde Schafe weidete. Das Gras war trocken und braun, ein paar holzige Sauerampferstängel wurden von den Schafen ausgespart und standen vereinzelt herum. Der Suchhund begann die Nase höher zu nehmen und etwas hin und her zu pendeln. Er schien nach links zu riechen, lief aber weiter an dem Schafzaun entlang und an einem Marterl vorbei. Gideon hielt die Leine kurz, falls sich Strom auf dem Weidezaun befand. Hitchcocks Ohren wehten umher, als er zu galoppieren begann. Er schlug einen 180-Grad-Haken nach links, auf eine weitere Weide zu und lief den Hang abwärts. Es wurde immer steiler, Gideon schlitterte durch das hohe Gras hinterher. Grashüpfer sprangen seitlich auf und suchten das Weite, ein paar Insekten fühlten sich gestört. Es wurde gesummt, gezirpt und aufgescheucht umhergeflogen. Der Bloodhound drehte weiter ab und lief einen großen Bogen nach links. Er arbeitete sich parallel unterhalb des Weges, auf dem sie gekommen waren, wieder zurück. „Ich hatte vorhin schon immer das Gefühl, dass er da runterriecht!“, rief Gideon Kyle zu. Das Gelände wurde deutlich unwegsam. Sie steuerten in Richtung des Waldes zu. Am Waldrand angekommen, lugte ein dunkelbraunes Jagdhäuschen mit grünen Fensterläden aus dem Dickicht. Hitch umkreiste es und roch an einer Seite ruhig die Wand ab. Dann fuhr er mit der Nase an einer Sprosse der Leiter entlang, die an dem Haus lehnte. Er hinterließ eine dünne Schleimspur, die bis auf einen gräulich schimmernden zähen Tropfen kaum sichtbar gewesen wäre, wenn dieser sich nun nicht wie eine Spinne im Tau allmählich abzuseilen begonnen hätte. Hitch bekam davon nichts mit. Kyle leuchtete durch die Fenster ins Innere. Die Tür war verschlossen. Hitchcock wollte nicht länger warten, er wurde immer aufgeregter und warf den Kopf nach oben, um wie ein durchgehendes Pferd durch das Gestrüpp hindurchzupflügen. Zweige wischten Gideon durchs Gesicht. Sie schloss reflexartig die Augen und hielt Hitch an kurzer Leine, um sich nicht damit um einen Baumstamm zu wickeln. Wurzeln ragten aus dem weichen Boden wie abstehende Steigbügel empor, Stolperfallen, Ameisenhügel, kleinere Höhlen verschiedenster Waldbewohner und herumliegende Zweige machten das Trailen zu einer sportlichen Herausforderung und stellten eine Belastungsprobe für Sprunggelenke, Außenbänder und Knie dar. Der Bloodhound trailte an einem Erdwall entlang, linker Hand verlief das Gelände stark abschüssig nach unten. Sie befanden sich mittlerweile tiefer im Wald. Der Hund begann wieder etwas ruhiger zu werden und mit der Nase tiefer abzukippen. Gideon konnte das Geräusch der Schnüffelstöße hören. Toktoktoktoktok. Sie waren an einer Lichtung angekommen, als er etwas Tempo herausnahm und an einer Seite der Lichtung entlang den Rand scannte. Durch die Baumstämme hindurch spitzten ein paar Hausdächer von dem nahe gelegenen Stadtrand. Die Luft stand, drückte, man steckte in ihr fest wie ein Plastiklöffel in geschlagenem Eischnee, kein Lüftchen bewegte sich. Gideon und Kyle lief der Schweiß am Rücken hinunter. Die Einsatzkleidung war aus festem dickem Stoff. Das machte sich bemerkbar. Haare, T-Shirts, Hosen, Socken, alles klebte am Körper. Hitch zog durchs Gebüsch, dann wieder hinaus. Er trailte einen großen Kreis; sie kamen wieder auf der anderen Seite der Lichtung heraus. „Stopp, Hitch, warte mal!", rief Gideon dem Bloodie zu und hielt ihn an. „Kyle, hast du bitte etwas Wasser für ihn? Ich mach mal eine kurze Pause. Er beißt sich gerade irgendwie fest." Kyle war ein zuverlässiger Suchgruppenhelfer und auch ein sehr erfahrener Flächenhundeführer. Er war häufig auch bei den Trainings der Mantrailer dabei und kannte sich in beiden Sparten gut aus. Die Trailer hatten ihn gern als Helfer dabei. Kyle holte aus seinem Rucksack eine Flasche mit stillem Wasser heraus und reichte sie Gideon. Diese kippte etwas davon in ihre Hand und strich damit über den Kopf des Bloodhounds, wiederholte dies ein paarmal. Ohren, Rücken und die Brust des Hundes wurden durch das Verdunsten der Flüssigkeit ein wenig abgekühlt. Trinken wollte der Rüde nichts, was vielleicht aufgrund der steigenden Körpertemperatur während der Arbeit auch besser war. Er würde später zurück am Auto genug trinken. Kyle holte sein Garmin-GPS-Gerät aus der Tasche. Er und Gideon schauten den Verlauf des bisherigen Trails an und verschafften sich einen Überblick über das Gelände, in dem sie sich befanden. Sie waren über drei Kilometer gelaufen, Luftlinie befanden sie sich nur etwas über eineinhalb Kilometer vom Startpunkt entfernt, da sie einen Teil wieder etwas versetzt zurückgelaufen waren, wie ein „U" quasi. Der Funkkontakt zum Zugführer war abgebrochen. Kyle rief ihn mit dem Handy an und gab ihre Koordinaten als Wegpunkt und eine Beschreibung der bisherigen Suche durch. Gideon bedeutete Kyle, ihr das Handy zu geben. „Wir gucken hier noch etwas weiter. Die Flächensuchhunde können aber parallel schon mal oben die Wiesen und das kleine Wäldchen oberhalb der Straße absuchen", gab Gideon durch. Sie waren nun bereits vierzig Minuten in größtenteils unwegsamem Gelände unterwegs, die Zeit drängte. „Los, Hitch, beeil dich, wir müssen ihn finden. Weiter!" Die Leine spannte sich, der Bloodhound zog an. An der Lichtung rechts den Hang hinauf. Zu viel Gestrüpp, zu steil das Gelände. Gideon brach nach weiteren zehn Minuten die Suche ab. „Wir brechen ab und kommen zurück. Besprechung gleich beim Zugführer", gab Kyle mit seinem Handy durch. Rizzo holte das Team am Waldrand mit dem Transporter ab, um Zeit zu sparen. Beim Staffelbus, dem Zugführer und dem restlichen Team angekommen, berichtete Gideon den Trailverlauf. „Die oberen Wiesen und das Wäldchen hinter der Schafsweide sind von den Flächies bereits abgesucht, ebenso die zwei kleinen Holzhütten und die Kastanienbaumgruppen, die dort stehen", sagte Jo. „Wir starten sicherheitshalber noch einen zweiten Trailer, vielleicht habe ich irgendwo einen Abgang verpasst", sagte Gideon zu Rizzo. „Ja gut. Auf jeden Fall können wir mit den Flächenhunden gleichzeitig das Waldstück von der Jagdhütte bis zur Lichtung, vor allem oberhalb davon, den kompletten Hang absuchen", antwortete Rizzo. „Das klingt nach deiner Beschreibung so, als wäre Hitch dort auffällig gewesen und nach der Lichtung auch nicht mehr richtig weitergegangen." - „Ja, das stimmt. Er wollte eher den Hang hinauf, aber das Gestrüpp war zu dicht", beendete Gideon ihren Bericht der Suche. Der Himmel zog sich seit einer Weile immer weiter zu. Die grauen schweren Wolken sahen nach einem Anmarsch eines heftigen Wärmegewitters aus. Rizzo öffnete die Wetter-App auf dem Smartphone. „Ab 17 Uhr ist eine amtliche Unwetterwarnung für dieses Gebiet herausgegeben. Wir sollten uns beeilen", sagte Rizzo mit einem leichten Anflug von Panik. Seit sie im Wald einmal von schweren Sturmböen überrascht wurde, bei denen die Bäume wie Streichhölzer umgeknickt waren, war sie bei Gewitter nicht gern draußen. „Kyle, du hast doch Akino dabei“, sagte Jo. „Dann kannst du mit Tine doch das Gebiet von der Jagdhütte bis zur Lichtung und oberhalb davon absuchen. Ich geh mit Andy und Dusty zur Burg und such dort die Grünbereiche ab.“ Mittlerweile war auch Mona am Einsatzort angekommen. Sie konnte die Zugführung übernehmen, während Jo mit seinem Hund Dusty in die Fläche ging. „Es sind weitere Flächensuchhunde nachalarmiert; falls wir ihn jetzt nicht finden, müssen wir noch weiter den großen Wald aufteilen“, beendete er die Besprechung und übergab die Zugführung an Mona. Rizzo startete mit Heaven am Haus des Vermissten. Auch die Hündin zog sofort nach links, obwohl Konrad L. laut Aussage seines Sohnes üblicherweise zur Tür hinaus nach rechts in Richtung Burg abbog. Sally lief mit. (Ihr Hund Boomer konnte bei diesem Einsatz ohnehin nicht starten. Er hatte am Vormittag eine ganze Packung Trockenfutter von der Hauskatze aufgefressen und nun einen dicken Bauch. Er sollte sich heute lieber nicht anstrengen, hatte Tine, die Staffeltierärztin, verordnet.) „Links scheint auf jeden Fall zu stimmen!“, rief sie Rizzo zu. Heaven lief fast genauso wie vor ihr Hitchcock, sie blieb ab der Jagdhütte nur etwas weiter oberhalb am Waldrand in Richtung der großen Wiese, zog auf diese etwas hinaus, dann wieder Richtung Wald. „Hier sind Spuren im Gras“, sagte Rizzo zu Sally. „Wahrscheinlich von den Flächenhunden.“ Heaven nahm die Nase tief. Es begann zu donnern. Ein tiefes Grollen. Die Baumwipfel bewegten sich ein wenig. Nur ganz leicht hin und her. Dann wieder Stille. Die Zeit schien stehen geblieben zu sein. Dann folgte ein Blitz. Er zweigte sich vielfach auf, überdeckte fast die ganze Breite des Himmels. In dem Moment hörten sie es bellen. Das Bellen kam aus dem Wald. Es war kein normales Bellen. Es war das gleichförmige monotone Anzeigebellen von Akino. Bow Wow Bow Wow. Rizzo stoppte Heaven. „Ich glaube, sie haben ihn“, flüsterte Sally. Da krachte es laut, kam immer näher von weit her, es knackte über den gesamten Himmel wie die springende

Eisdecke eines zugefrorenen Sees. Der Wind wurde stärker, die Wipfel bogen sich tiefer hinab. Das Funkgerät knarzte. „Pluto eins für Pluto sieben! Fund! Wir haben ihn! Akino hat ihn gefunden! Etwas oberhalb von Hitchcocks Endpunkt. Er lebt. Wir hängen recht steil am Hang, Bergung schwierig. Puls und die Atmung sind sehr schwach. Er ist ansprechbar, aber leicht orientierungslos und dehydriert", presste Kyle durch das Funkgerät und gab die genauen Koordinaten durch. Mona forderte den Krankenwagen und die Feuerwehr zur Bergung an. Es begann zu schütten. Es goss wie aus Eimern. Die Luft kühlte abrupt ab. Rizzo kehrte mit Heaven und Sally zurück. Alle waren völlig durchnässt. Feuerwehr, Krankenwagen und Polizei rückten an. Konrad L. wurde mit einer Rettungswanne an einem Seil aus dem dicht bewachsenen steilen Hang von der Feuerwehr geborgen, eingehüllt in eine goldene Wärmedecke, seinen Wanderhut auf dem Kopf. „Den wollte er unbedingt wieder aufsetzen", grinste Kyle.

Einsatztaktische Faktoren

- Klassische Vermisstensuche
- Die Spur war zum Zeitpunkt des Starts des ersten Mantrailers ca. 27 Stunden alt.
- Suchgebiet am Start relativ einfach, da beruhigtes Wohngebiet.
- Gute Geruchsartikel vorhanden.
- Schwierigkeiten: Der Vermisste läuft jeden Tag um die Burg gegen den Uhrzeigersinn. An diesem Tag lief er in die entgegengesetzte Richtung. Er war abgerutscht und hing an einem steilen Hang. Ansammlung von frischerem Geruch unterhalb des Auffindepunktes und großer Endpool durch Höhe und Liegezeit.
- Zuzuordnen im Trailsystem: 1 a) Klassische Vermissung, „Wo ist die VP hingegangen?"

8 › Der Rummelpottläufer

Vermissung/Rettung
Jugendlicher nach Rummelpottlaufen abgängig. Wohin führt seine letzte Spur?

Sie schlichen mit Tempo 60 die kurvenreiche Landstraße entlang. Die Schneeverwehungen machten den Straßenverlauf stellenweise unsichtbar. Am Rand türmten sich von den Räumfahrzeugen erschaffene Schneeberge auf, die durch den immer existenten Ostwind in kürzester Zeit wie Wanderdünen wieder zurück auf den Asphalt geschoben wurden. Es war halb fünf Uhr morgens. Gideon saß am Steuer und hoffte, mit dem Transporter auf der matschigen Fahrbahn nicht ins Rutschen zu kommen. Rizzo döste auf dem Beifahrersitz vor sich hin. Die Frontscheibe war beschlagen, die Außentemperatur stieg allmählich an, es sollte in den nächsten Tagen wieder wärmer werden. Es regnete bereits seit ein paar Stunden. Ein Bus voller Bluthunde ist nicht gerade der trockenste Platz auf Erden. Es war für die sonst eher milden Winter an der Ostsee in diesem Dezember kalt gewesen und hatte in den vergangenen Tagen für diese Region ungewöhnlich viel geschneit. Gideon telefonierte mit dem Zugführer einer befreundeten Rettungshundestaffel. „Es gibt keinen guten Geruchsartikel vor Ort? Wie weit entfernt wohnt der Junge denn? Also so zehn Minuten Fahrzeit ungefähr. Ja, dann könntest du vielleicht schon mal mit der Polizei zu ihm nach Hause fahren und welche holen? Wir brauchen noch eine Weile, kommen nur recht mühsam vorwärts", sagte Gideon in die Freisprechanlage. Nach 40 Minuten kamen sie in dem kleinen Ort in der Nähe von Schleswig an. Es schien alles wie ausgestorben zu sein. Auf den leeren Straßen lagen Reste von abgefeuerten Raketen und Böllern, es roch überall noch ein wenig nach Rauch. Die Fenster der Häuser waren dunkel, nirgendwo brannte mehr Licht, die Bewohner schienen friedlich in den ersten Tag des neuen Jahres hineinzuschlafen. Rizzo und Gideon fuhren auf einen großen Schotterparkplatz im Innenhof der Firma, die dem Vater des vermissten Jugendlichen gehörte. Der Vater hatte einen Busbetrieb und das Firmengelände dem Sohn und seinen Freunden als Partystätte für Silvester zur Verfügung gestellt. Darauf befand sich nun ein großes beheiztes graues Partyzelt mit Biertischen und Bierbänken, festlich geschmückt mit Luftschlangen, Konfetti und diversen Silvesterartikeln. Verschiedene Kuchenreste auf Papptellern, Schokokuchen, Marmorkuchen, offene Chipstüten, Salzstangen und diverse halbleere Getränke in weißen Plastikbechern standen noch offen herum, ansonsten wirkte es bereits relativ aufgeräumt. Die Eltern des Vermissten und ein paar seiner Kumpel waren vor Ort und saßen im Kreis auf ein paar weißen Plastikstühlen.

Fahl und müde sahen sie aus nach einer durchfeierten Nacht, die Sorge um den Sohn und Freund stand allen ins Gesicht geschrieben. Hauptkommissar Carl befragte die Partygäste nach den Geschehnissen der letzten Nacht. Er war groß und dunkel gekleidet, hatte dunkelbraune Haare und eine freundliche Stimme, die beruhigend wirkte. In seinen kleinen weißen Block machte er sich einige Notizen.

Einer der Kumpel des Vermissten schilderte den Ablauf des Abends. Er wirkte dabei ziemlich klar und gefasst. Die Sorge um und die Suche nach dem Freund hatte ihn ausgenüchtert. „Der Jan war schon den ganzen Abend über so komisch drauf. Irgendwie anders als sonst. Er hatte sich das Gesicht ganz unheimlich geschminkt, alles weiß mit schwarz umrandeten Augen und einer Narbe mit Kunstblut über der Wange. Wir wollten wie jedes Jahr später noch Rummelpottlaufen gehen. Haben erst hier ein bisschen gefeiert und sind dann um die Häuser gezogen, um an Türen zu klingeln und ein paar kleine Schnäpse bei Bekannten zu trinken, aber es waren nicht so viele. Es war zuerst eigentlich alles okay und wir hatten Spaß.

Rummelpottlaufen

Ein in Norddeutschland und in Nordschleswig verbreiteter Brauch, bei dem Kinder am frühen Silvesterabend geschminkt und verkleidet in Gruppen von Haustür zu Haustür gehen und Rummelpottlieder singen oder Reime aufsagen. Dafür bekommen sie Süßigkeiten oder Obst in ihren mitgebrachten Rummelpott (heute ist das eher eine Plastiktüte). Am späteren Abend legen die Jugendlichen dabei mehr Wert auf „flüssige Gaben“. „Rummeln“ heißt auf Plattdeutsch so viel wie „poltern“ oder auch „Lärm machen“.

Dann sind wir hierher zurück zur Party. Auf dem Rückweg fing Jan an zu torkeln und ihm wurde schlecht, er stolperte und fiel hin, wollte auf dem nassen Boden liegen bleiben. Wir haben ihn aufgehoben und mit zurück zum Zelt getragen. Er wurde zunehmend mieser drauf, war teilweise sogar ein bisschen aggressiv, versuchte sich immer wieder loszureißen. Er wollte sich partout nicht helfen lassen. Er sah durch die Schminke und den Sturz ziemlich fertig aus. Wir haben ihm dann erst mal das Gesicht abgewaschen und Wasser zu trinken gegeben, ihn draußen an der frischen Luft unter dem Zeltvordach auf einen Stuhl gesetzt. Es war mittlerweile schon ziemlich spät und die meisten sind aufgebrochen, um nach Hause zu gehen. Nachdem wir ein paar Freunde verabschiedet hatten, wollten wir wieder nach Jan gucken, da saß er nicht mehr auf dem Stuhl. Wir haben ihn höchstens fünf Minuten aus den Augen gelassen und sind sofort auf dem ganzen Gelände und auf den anliegenden Feldern herumgelaufen, um ihn zu suchen, konnten ihn aber nirgendwo mehr finden", beendete der Freund seinen Bericht. Der Vater des Vermissten gab an, von seinem Sohn gegen zwei Uhr angerufen worden zu sein. Er konnte ihn kaum verstehen, weil dieser sich nur schwer artikulieren konnte. Er schien ziemlich aufgeregt zu sein und bat darum, abgeholt zu werden. Da hatte er sich bereits von dem Gelände entfernt und konnte ihm nicht genau schildern, wo er sich befand. Die Eltern fuhren sofort los, um den Sohn abzuholen. Während der Fahrt rief dieser noch zweimal an und gab bruchstückhaft durch, was er unterwegs vor Augen hatte, um dem Vater mitzuteilen, wo er sich befand, da er zunehmend die Orientierung verlor, Panik bekam und im Dunkeln auch nicht mehr zum Firmengelände zurückfand, zudem der Akku des Handys jeden Moment leer sein würde. Der Vater riet ihm, an Ort und Stelle zu bleiben und nicht mehr weiter umherzulaufen, damit ihm nicht noch etwas zustieße, sie würden ihn schon finden, versuchte er seinen Sohn zu beruhigen. Nach ein paar Minuten war das Gespräch unterbrochen. Der Vater versuchte seinen Sohn noch mehrere Male anzurufen, aber das Handy war aus, die letzte Verbindung zum Sohn war abgebrochen. Er hatte ihn kaum verstehen können. Der Sohn sagte, er sei an einem Sportplatz mit Fußballtoren vorbeigekommen. „Wo gibt es denn hier außer an der Schule noch einen Sportplatz?", hatte er seine Frau gefragt. Sie wisse sonst auch keinen, hatte diese geantwortet, und der sei ja auch noch am anderen Ende vom Ort, hatte sie besorgt hinzugefügt. Ob er denn noch etwas gesagt habe. „Ich habe noch so etwas wie Zahlenreihen verstanden,

P irgendwas, fünf und sechs glaube ich. Und irgendein längeres Wort mit V oder F. So wie Vorder… oder Ford…" - „Vielleicht ist er auf dem Gelände eines Autohändlers oder so", hatten sie überlegt. „Aber einen Fordhändler gibt es hier doch nicht. Nur einen Gebrauchtwagenhändler", hatte seine Frau gesagt. Sie fuhren auf den Hof, die Freunde von Jan kamen ihnen gleich entgegen. Die Frau sei mit ein paar Freunden von Jan auf dem Firmengelände geblieben, falls dieser doch zurückkäme, und hatte dort auch noch einmal alles abgesucht. Auch in der Buswartungshalle und in den angrenzenden Gärten hätten sie nachgesehen, aber leider ohne Erfolg. Der Vater war fast eine Stunde lang durch den gesamten Ort gefahren. Auch an der Schule sei er gewesen und um den kompletten Sportplatz gelaufen. Gerufen habe er nach dem Sohn, sodass er nun ganz heiser war. Auch beim Gebrauchtwagenhändler habe es keine Spur von Jan gegeben. Mittlerweile waren seit dem letzten Telefonat über vier Stunden vergangen und sie machten sich ernsthafte Sorgen. „Hat er denn eine Freundin in der Nähe, zu der er vielleicht gelaufen sein könnte?", fragte Gideon in die Runde. „Leider nein, das haben wir bereits abgeklärt", antwortete Hauptkommissar Carl. „Er wirkte auch so orientierungslos, getrieben und ängstlich, fast panisch. So kennen wir ihn überhaupt nicht", warf der Vater noch ein. Er beschrieb seinen Sohn als fleißigen und guten Schüler, der aber kein Streber war. Es fiel ihm alles recht leicht. Er spielte gern Tennis und Basketball mit seinen Freunden, war jahrelang Klassensprecher gewesen und allseits beliebt. Eine Freundin habe er zurzeit nicht, zumindest wüssten sie davon nichts. Es war davon auszugehen, dass der Junge entweder noch umherirrte oder irgendwo bei einem Bekannten Unterschlupf gefunden hatte, der vielleicht in der Nähe wohnte. Oder er hatte sich vor Erschöpfung auf einem Feld oder unter einem Baum hingelegt, um sich auszuruhen, und war dabei eingeschlafen. Der Vermisste war unter normalen Umständen ortskundig, da er in dem Ort zur Schule gegangen war.

Momentan studierte er an einer Universität in Hamburg, doch während der Ferien war er zu Besuch bei seinen Eltern. Es hatte mittlerweile ein paar Grad im Plusbereich, was zunächst einmal von Vorteil war. Dennoch kann mit durchnässter Kleidung auf dem Boden liegend im Erschöpfungszustand recht schnell eine Unterkühlung eintreten. Eile war geboten. In der Zwischenzeit kam der Zugführer mit den Geruchsartikeln an. „Dann können wir ja loslegen, wir sollten keine Zeit verlieren", sagte Rizzo. Sie schaltete den GPS-Tracker ein, startete mit Heaven und nahm Beatrix als Helfer aus der befreundeten Rettungshundestaffel mit; sie wusste, dass sie mit ihnen mithalten konnte. Ein Streifenwagen würde ihnen hinterherfahren und gegebenenfalls die Straße absichern. Die Hündin war ein sicherer Starter und konnte durch ihr hohes Tempo unterwegs schnell Strecke machen. Normalerweise trailte Rizzo sie mit einer acht Meter langen und sechzehn Millimeter breiten Fettlederleine. Da es noch regnete und der Boden extrem aufgeweicht und matschig war, entschied sie sich diesmal aber für die neonorange Beta-Biothane-Leine mit denselben Maßen. Diese würde sich nicht so vollsaugen, rutschig, dreckig und anschließend hart werden. Sie war sehr leicht zu reinigen, man musste sie einfach nur mit einem Tuch trocken wischen. Sie setzte die Hündin unter dem Vordach an, dort wo Jan zuletzt sicher gesehen worden war. Der Stuhl, auf dem er gesessen hatte, konnte nicht zum Abriechen genommen werden, da ihn jemand aufgeräumt hatte und keiner mehr genau wusste, welcher der Stühle es gewesen war und ob sich nicht in der Zwischenzeit bereits jemand anders draufgesetzt hatte. Rizzo öffnete die Tüte mit dem Referenzgeruch, ein am Vortag getragenes Unterhemd des Vermissten, und hielt sie der Hündin hin. Heaven drehte nur leicht den Kopf zur Seite, wischte mit der Nase kurz ein paar Zentimeter oberhalb des Hemdes drüber und kippte mit der Nase auf den Boden, als wäre dieser aus Metall und in ihrem Nasenschwamm ein Magnet versteckt. Die Nase klebte schwer auf dem Schotterboden des Hofs; Rizzo gab Heaven mehr Leine. Der Bloodhound schlängelte sich hin und her wie eine frisch geschlüpfte Blindschleiche, es kam dabei fast kein Zug auf die Leine. Der gesamte Körper der Hündin war quadratisch zusammengezogen, der Rücken stark verkürzt, als wäre sie ein Fuß, der sich in einen zu kleinen Kletterschuh pressen müsste. So ging es in Slow Motion um das Zelt herum, wieder zurück zum Vordach, an den Tischen und Stühlen vorbei, wobei sie ein Stuhl besonders zu interessieren schien. Toktoktok. Rizzo konnte die tiefen Schnüffelstöße hören, als Heaven die Gerüche der Partygäste und Angehörigen differenzierte, Zeiten sortierte, um den frischesten Abgang aus dem Geruchspool zu finden. Die Freunde von Jan, Polizisten und nicht zuletzt seine Mutter waren zudem frisch über seine letzte Spur gelaufen. Der Geruchsartikel war durch den Aufenthalt bei den Eltern zumindest leicht kontaminiert. In dieser Situation arbeitete die Hündin sorgfältig und gewissenhaft, da konnte man sich auf sie verlassen. Rizzo ließ ihr die Zeit, die sie brauchte, auch wenn es ihr schwerfiel und sie gern die Hündin angespornt hätte, schneller zu arbeiten. Sie in dieser Phase zu drängen oder versuchen zu motivieren, damit es schneller ging, hätte keinen Sinn gehabt; die Zeit würde sie später unterwegs, wenn sie gleich auf dem richtigen Abgang startete, wieder wettmachen. Die Freunde von Jan, seine Eltern, Mitglieder der Rettungshundestaffel und ein paar Polizisten warteten darauf, dass Heaven endlich vom Hof lostrailte. Dann, ein paar Sekunden später, die Rizzo wie Stunden vorkamen, zog die Hündin an. Rizzo stellte das Handgelenk auf, hielt den Kontakt über die Leine und ließ sich ein paar Meter mitziehen, um anschließend etwas Leine aus der leicht abgekippten Faust zu lassen. Heaven hielt die Nase immer noch tief, ihr Körper hatte sich aber mittlerweile in die Länge gestreckt und die Schritte wurden immer raumgreifender. Sie fing an zu galoppieren. Rizzo atmete auf, es fühlte sich gut an, Heaven hatte den frischesten Abgang gefunden und war voll auf der Spur. Die Gewissheit, sich auf den Hund bei der Arbeit verlassen zu können, brachte nach wie vor ein kurzzeitiges Glücksgefühl in ihr hervor und erleichterte die Konzentration auf die Arbeit. Die Geschichte, die hinter dem Einsatz stand, die Sorge der Eltern um den Jungen, der Gedanke, was ihm alles zugestoßen sein konnte, wurde von Rizzo während der Suche weitestgehend ausgeblendet. Dann gab es nur noch den Hund und sie selbst, sie musste abstrahieren, damit der Kopf frei blieb, sonst würde das den Hund bei der Arbeit blockieren. Es war für sie auch während der ganzen Jahre im Einsatz nie selbstverständlich geworden, dass die Hunde immer alles gaben. Welche Motivation dahinterstand, spielte für Rizzo dabei keine primäre Rolle. Heaven zog Rizzo einen eineinhalb Meter hohen Erdwall hinauf, der die komplette Rückseite der Buswartungshalle einrahmte. Sie quetschten sich durch eine kleine Lücke in der meterlangen Hecke, die das Gelände zu dieser Seite einschloss. Beatrix und zwei Polizisten kletterten hinterher. Die Hündin hängte sich nun richtig in die Leine, Rizzo konnte sie kaum halten. Es ging hinaus aufs Feld, über den aufgeweichten Boden. Die Schuhe saugten sich voll mit Matsch, die schwere Erde blieb in den tiefen Profilen der Sohlen und an den Rändern hängen und machte sie zu schweren Gewichten. Rizzo riss die Schuhe Schritt für Schritt weiter aus dem Morast, es gab dabei ein schmatzendes Geräusch. Der Lichtstrahl der Stirnlampe sprang durch den abgehackten Laufstil auf und ab, Rizzo wickelte sich die Leine einmal um die Hand herum und hielt sich daran fest. Der Abstand zu Beatrix vergrößerte sich etwas, sie würde aber dranbleiben, das wusste Rizzo. Sie trafen auf einen Wiesenquerweg und bogen nach rechts ab. Heaven nahm nun ein wenig Tempo raus und trollte im Schritt den Weg entlang. Beatrix holte auf und war wieder an ihrer Seite. Nach ein paar Metern konnte man die Umrisse einer kleinen Wohnsiedlung erkennen, es begann langsam hell zu werden. Der Wiesenweg umrandete das Feld und führte rechts wieder zurück zum Firmengelände, linker Hand davon verliefen eingezäunte Grundstücke. Heaven blieb weiter auf dem Weg, nahm zwischenzeitlich den Kopf höher und zog mit mehrfachen Drehbewegungen nach links zu den eingezäunten Gartenabteilen. Ein paar Meter weiter trafen sie auf einen sehr schmalen eingewachsenen Trampelpfad, der den Weg nach links freigab und zwischen zwei Grundstücken hindurchführte. Am Ende des Weges trafen sie auf die Rückseite eines Reitstalls. Heaven trailte quer über einen kleinen Sandreitplatz, auf dem abgenutzte und teilweise bereits zerfallene Cavaletti standen. Sie nahm wieder Tempo auf, zog zu einem Holzschuppen und wurde deutlich aufgeregter. Rizzo rechnete damit, jederzeit auf den vermissten Jungen zu treffen, der vielleicht in dem Holzschuppen Unterschlupf gefunden hatte und schlief. Die Hündin ließ den Schuppen links liegen und lief daran vorbei, kippte die Nase ab und fing wieder an, in kurzen Schlängelbewegungen den Boden zu inspizieren. Die Beschaffenheit war wieder Gras, im Matsch waren ein paar Fußabdrücke zu sehen. Sie befanden sich auf einer kleinen Wiese. Es war mittlerweile hell geworden. Rizzo nutzte die Zeit, um ein wenig durchzuatmen und sich dabei umzusehen. Am Boden waren helle Markierungen. Es schien keine normale einfache Wiese zu sein. Ein paar Meter weiter links von ihnen stand ein weißes Tor. Einige Meter weiter rechts ein zweites. Sie waren auf einem Bolzplatz angekommen, ein kleines Fußballfeld, das sich zwischen einer beruhigten Tempo-dreißig-Straße und einem Reiterhof befand. „Das könnte der Sportplatz gewesen sein, von dem der Sohn gesprochen hatte", sagte Rizzo zu Beatrix. Der Streifenwagen bog gerade in die Straße ein, die Polizisten waren außen herumgefahren und hatten sie nun wieder eingeholt. „Lass uns weitermachen. Weiter", sagte Rizzo, und die Hündin lief los, hinaus auf die Straße. Rizzo und Beatrix trabten langsam hinterher. Heaven lief sich nun in einem gleichbleibenden Tempo ein. Der Streifenwagen folgte ihnen in einigem Abstand. So ging es eine Weile durch das Wohngebiet, es wurden von dem Bloodhound Türklinken abgerochen, von Beatrix ein Garten gecheckt, an dem Heaven auffällig war, bis es keine Straßen mehr gab und sie wieder in ein morastiges Gebiet und auf eine große offene Fläche kamen. „Bis hier war er auf jeden Fall vorher beim Rummelpottlaufen nicht gegangen, das muss eine frische Spur sein, die aus dem Wohngebiet führt", sagte Rizzo zu Beatrix. Heaven hielt nun eine Himmelsrichtung ein, die meiste Zeit davon im leichten Jog. Sie waren nass bis zu den Knien, waren bereits eine Stunde unterwegs und hatten mittlerweile knapp vier Kilometer über Wiesen, Felder und Morast, auf Asphalt, durch Pfützen, Sand und Ackerschlamm zurückgelegt und sahen dementsprechend dreckig aus. Heaven begann nach einer Weile auf der Geraden zu pendeln und schwammig zu laufen. Sie zog nicht mehr so gerade durch wie noch vor ein paar Minuten. Das Handy klingelte, Gideon rief an. „Ihr könnt zurückkommen, sie haben ihn wahrscheinlich." - „Echt? Wo war er denn? Geht's ihm gut?", wollte Rizzo wissen. „Wir wissen noch nichts Genaues, es wurde auf jeden Fall gerade ein junger Mann, auf den die Beschreibung passt, auf der Straße aufgegriffen." - „Alles klar, wir kommen zurück, ich wollte sowieso gerade den Hund tauschen." Sie liefen auf dem Firmengelände ein, Rizzo zog Heaven das Geschirr aus, rubbelte das Fell mit einem Handtuch etwas trocken und gab ihr Lammfleisch mit Karotten als Belohnung für die Arbeit. Dann sprang der Bluthund in seine Box im Auto und rollte sich auf der Lammfelldecke ein. Rizzo trank einen Schluck aus der Wasserflasche und ging zu der wartenden Gruppe ins Zelt, um sich etwas zu trocknen und Informationen über die neuesten Ergebnisse zu bekommen. „Wo haben sie ihn aufgegriffen?", wollte Rizzo wissen und setzte sich auf einen der Stühle. Gideon zuckte mit den Schultern. Das wissen wir noch nicht genau, aber in einem Ort, der ungefähr acht Kilometer weit entfernt ist und genau in der anderen Richtung liegt, als wir gelaufen sind." Sie deutete in eine Richtung. „Echt?" Rizzo wurde blass. „Also gut, dass sie ihn aufgegriffen haben, aber in der anderen Richtung ist natürlich suboptimal. Wie kann denn das sein? Wo bin ich denn dann hingelaufen?", fragte Rizzo ratlos. „Heaven lief bis zu der einen Stelle am Schluss echt gut, ich war mir sicher, dass ich auf der Spur bin." „Ich verstehe es auch nicht", seufzte Gideon, „vielleicht ist er ja einen Halbkreis gelaufen!" Wenige Minuten später kam der Vater mit den Polizisten zurück. Sein Gesichtsausdruck wirkte ziemlich niedergeschlagen. „Er ist es doch nicht", sagte Hauptkommissar Carl.

Rizzo und Gideon standen von ihren Stühlen auf. „Dann ist die einzige Richtung, die wir haben, die von Heaven, sie führt nordöstlich", sagte Gideon und zeigte Kommissar Carl den aufgezeichneten Track auf Rizzos GPS-Gerät. „Lasst uns dort weitermachen." Rizzo holte Zaphira aus dem Bus, ihre schwarze Schweißhundmixhündin, das „Gerät". Ein kleines Powerpaket mit einem großen Kämpferherzen. Bei ihr hatte man immer das Gefühl, als traile sie um ihr Leben. Die Suche war für die Hündin mehr als nur Spaß an der Arbeit, sie biss sich kompromisslos an der Spur fest wie ein Saupacker an einem Wildschwein und wollte die Sache zu Ende bringen, koste es, was es wolle. Nie würde sie freiwillig aufgeben oder von der Spur ablassen, dafür war sie viel zu ehrgeizig. Der „Zugriff" war ihr heilig, Endpools, egal ob frisch, alt, lebendig oder tot, waren ihre Spezialität. Rizzo zog der Hündin das Suchgeschirr an und nahm einen zweiten Geruchsartikel. „Ich setze sie zur Überprüfung von Heaven noch einmal hier am Start an." Beatrix kam wieder als Helfer mit. Zaphira fiel der Start diesmal leichter als Heaven, sie lief allerdings vorn zur Straße vom Hof hinaus und bog zweimal links ab, kam von der anderen Seite an dem kleinen Bolzplatz raus und trailte dann wie Heaven in das Wohngebiet. Zaphira zog auf das Feld und trailte am Ufer des Weihers entlang. Löste sich von dort wieder und lief weiter östlich Richtung der Hauptstraße, die in den nächsten Ort führte. Sie kamen von hinten an ein kleines Gewerbegebiet, in dem sich ein paar Lagerhallen, Lagerflächen und Firmengebäude befanden. Zaphira hangelte sich auf der offenen Seite zum Feld an den Gebäuden entlang und umkreiste eine Lagerfläche mit Eisenrohren. Die Rohre waren einzeln beschriftet. P drei, P vier, P fünf … „Das sind die Zahlen, oder? Die er dem Vater durchgegeben hatte", sagte Beatrix. „Ja, könnte schon sein. Würde Sinn machen", antwortete Rizzo. Sie rief Gideon an. Um ihr die genaue Hausnummer durchzugeben, liefen sie ein Stück um das Gebäude herum, vor zur Straße. Als sie vor dem Eingang standen, konnten sie den Firmenschriftzug lesen. An der Hauswand stand in großen Lettern „Fördertechnik" geschrieben.

„Gideon, hier steht Fördertechnik an der Hauswand! Das könnte doch das Wort sein, das der Vater nicht gut verstanden hat?" Alle hielten es für ein gutes Zeichen, dass die Spur in den Ort führte und der Junge wahrscheinlich nicht irgendwo auf dem nassen Feld oder in einem Graben lag. Vielleicht hatte er in diesem Ort irgendwo Unterschlupf gefunden. Zur Sicherheit liefen parallel die Flächenhunde die offenen Felder und den Weiher ab, an denen beide Trailer vorbeigekommen waren. Sie gingen zurück zu der Stelle, an der sie den Hund angehalten hatten, und starteten. Zaphira trailte weiter am Feldrand entlang. Ihre Körpersprache veränderte sich plötzlich. Mit jedem Meter wurde sie angespannter, tiefer gelegter. Die Rute knickte leicht ab, die Hündin hängte sich mit aller Kraft ins Geschirr und zeigte Jagdverhalten. Sie begann nach einem Vogel, der aufflog, zu gucken. Rizzo pfiff sie mit einem Zischlaut zusammen. „Hey, weiter." Zaphira lief wieder geradliniger, spannte ihren Körper an, krallte sich in den Boden, streifte durch ein Gebüsch. „So läuft sie eigentlich sonst nur bei Totpool, komisch, dass sie jetzt das Jagen anfängt", keuchte Rizzo. „Dort hinten liegt etwas!", rief Beatrix. Sie sahen etwas Buntes durch das gelbe hohe Weidegras blitzen. Beatrix ging hin, um nachzugucken. „Nee, das ist nur ein Plastiksack!“, rief sie zu Rizzo. Zaphira bog auf einen kleinen Feldweg ein, der zwischen zwei großen Ackerfeldern hindurchführte. Dort kam ihnen das erste Mal jemand entgegen, eine Frau, die mit ihrem Hund den Morgenspaziergang machte. Rizzos Telefon klingelte erneut, sie gab es an Beatrix und trailte weiter. „Sie haben ihn. Sieht nicht gut aus.“ Gideons Stimme klang bedeckt und monoton.

Der Junge war von einer Anwohnerin in ihrem Garten unter einem Baum liegend aufgefunden worden. Der Notarzt konnte nur noch den Tod feststellen.

Zaphira war noch ungefähr achthundert Meter von dem Auffindepunkt entfernt. Die Spur wäre weiter an dem Ackerweg entlang über eine Wiese bis in ein Wohngebiet gegangen. Dort an ein paar Hochhäusern vorbei bis zu einer Straße, in der Einfamilienhäuser standen. Es ist zu vermuten, dass die beiden Hunde den Totpool auf der offenen Fläche bereits wahrgenommen hatten (schwammiges Laufen von Heaven und Jagdverhalten von Zaphira).

Auch in diesem Fall waren die Hunde nicht diejenigen, die den Fall aufgeklärt hatten, da die Person während der Suche aufgefunden wurde (wie im ersten Fall „Das fliegende Cabrio“). Sie waren allerdings auf der Spur und in der richtigen Richtung unterwegs. Da die vermisste Person insgesamt einige Kilometer gelaufen war, es alte Spuren gab und wir mit den Hunden auch nur zu Fuß unterwegs sind, dauert solch ein Einsatz trotz Eile seine Zeit. Die Hunde waren wohl an den Punkten, die der Junge seinem Vater am Telefon durchgegeben hatte, vorbeigekommen. Der Hubschrauber, der deutlich schneller gewesen wäre, konnte aufgrund der Wetterverhältnisse nicht fliegen. Auch war der Junge beim Start der Suchhunde bereits tot. Wie sich später herausstellte, ist der Junge an Kreislaufversagen gestorben.

Einsatztaktische Faktoren

- Klassische Vermisstensuche mit (Tot-)Endpool.
- Die Spur war zum Zeitpunkt des Starts des ersten Mantrailers ca. sechs Stunden alt.
- Am Start und im Ort befanden sich viele Spuren des Vermissten, da er zuvor noch beim Rummelpottlaufen war. Zudem haben seine Freunde, Eltern und die Polizei nach ihm gesucht, somit lagen frische Spuren (auch von den Eltern) über dem Trail.
- Gute Geruchsartikel vorhanden, aber mit Mischgeruch, da der Vermisste zu der Zeit bei seinen Eltern wohnte. Die Eltern und der Zugführer, der die Geruchsartikel aus der Wohnung der Eltern geholt hatte, waren zum Ausschließen am Start.
- Schwierigkeiten: Eile war geboten, da es der vermissten Person anscheinend nicht gut ging und sie orientierungslos war. Es musste der frischeste Abgang der vermissten Person gefunden werden. Hierbei muss der Hund den Poolgeruch und die frischen Verleitungen der Freunde und Angehörigen ausschließen. Die frischen Verleitspuren führten unter anderem auch über die angrenzenden Wiesen und Gärten (frische Bodenverletzung). Zudem führte der Trail größtenteils über eine riesige offene Fläche, auf der sich auch ein Weiher befand. Die Hunde konnten mit hoher Wahrscheinlichkeit über mehrere Hundert Meter den Totpool riechen, da sich ihr Suchverhalten im letzten Drittel der offenen Fläche in Richtung des Fundortes der vermissten Person stark veränderte und sie das jeweils individuelle Totpoolverhalten zeigten (Meiden bzw. Jagdverhalten).
- Zuzuordnen im Trailsystem: 1 a) Klassische Vermissung, „Wohin führt die letzte Spur der Person?“
- Siehe auch Illustration des Trailverlaufs auf Farbtafel 3.

9 › Der verbrannte Mann

Rekonstruktion
Großflächig verbrannter Mann in einem Wohngebiet zusammengebrochen. Identität unbekannt. Woher kam er?

Ein Mann mittleren Alters, mit schwersten Verbrennungen (ca. 60 %), hatte sich vermutlich aus einem Wald bei München in ein nahegelegenes Wohngebiet geschleppt. Am Waldrand hatte er eine spätere Zeugin angesprochen und nach einem Krankenhaus gefragt. Als diese ihm Hilfe anbot, lehnte er jedoch ab und schleppte sich weiter. Wenig später klingelte er an einem Wohnhaus. Niemand öffnete. Der Mann brach kurz darauf zusammen und lag nun auf der Wiese im Vorgarten. Als die Anwohner des Hauses aus dem Fenster blickten, sahen sie ihn auf ihrem Grundstück auf dem Boden liegen.

Die gerufenen Rettungssanitäter mussten erst die erstaunlicherweise völlig unbeschädigte Kleidung vom Brandopfer schneiden, um das ganze Ausmaß der Verletzungen zu sehen. Oberkörper, Arme und Genitalbereich wiesen zum Teil Verbrennungen dritten Grades auf. Die Beine und das Gesicht waren weitestgehend nicht betroffen. Sie zogen ihm auch die weißen Joggingschuhe aus, die wie von zertretenen Beeren rot gesprenkelt waren. An den Schuhsohlen hafteten Erde und ein paar Fichtennadeln. Sie stellten sie neben seinen mit einer Hose und T-Shirt bepackten schwarzen Rucksack. Der Mann war nach einer Weile wieder bei Bewusstsein und ansprechbar, er hatte keine Schmerzen. Eine Aussage zu den Vorkommnissen verweigerte er. Was war passiert? Hatte er sich das selbst angetan? War es in suizidaler Absicht oder etwa ein Unfall gewesen? Hatte ihn vielleicht eine dritte Person anzünden wollen? Wo kam er her? Warum war seine Kleidung nicht verbrannt? Keine Antwort auf all die Fragen. Wenig später wurde er mit dem Rettungshubschrauber abtransportiert und in einem Spezialklinikum für Schwerbrandverletzte ins künstliche Koma versetzt. Seine Überlebenschancen waren aufgrund der großflächigen Verbrennungen und des Schweregrades sehr gering.

Ein Problem für die Personenspürhunde konnten die von mehreren Personen, die nicht mehr vor Ort waren, kontaminierten Geruchsartikel werden. Die Rettungssanitäter hatten alle Kleidungsstücke berührt und konnten nicht am Start sein, um von den Hunden

Verbrennungsgrade

Entsprechend der beteiligten Hautschichten erfolgt eine Einstufung in:

1. Grad: Rötung und leichte Schwellungen der Haut, Schmerzen, Epidermis betroffen, vollständig reversibel.

2. Grad: Blasenbildung, starke Schmerzen, Epidermis und Dermis betroffen, vollständige Heilung oder mit Narbenbildung.

3. Grad: Schwarz-weiß-Nekrosen, keine Schmerzen, da Nervenendigungen zerstört. Dermis und Subkutis betroffen, irreversibel.

4. Grad: Verkohlung, keine Schmerzen, alle Hautschichten und darunterliegende Knochen/Faszien betroffen, irreversibel.

ausgeschlossen zu werden. Die Spezialklinik war zu weit weg und der Mann lag dort in einer Spezialkammer. Man konnte von ihm keine Speichelprobe oder Ähnliches holen. Da die Kleidung im Rucksack durchsucht worden und zudem nicht gesichert die Kleidung des Geschädigten war, bestand zunächst die einzige Möglichkeit darin, Geruchskopien in den Schuhen des Mannes anzufertigen. Diese waren glücklicherweise nur von außen angefasst worden und gaben somit brauchbare Referenzgerüche her.

Ungefähr zwei Stunden nach Auffinden der Person trafen Jo, der Zugführer, Gideon und Sally mit den Mantrailern am Einsatzort ein. Als Helfer und gegebenenfalls als weiterer Trailer kam noch Inka mit ihrer Catahoulahündin hinzu. Sie waren seit einigen Monaten einsatzfähig und hatten bereits einige Einsätze absolviert.

Bei einer Rekonstruktion bedarf es gründlicher Planung. Welches sind die sinnvollsten Richtungsentscheidungen, die von den Hunden überprüft werden sollten? Welcher Hund sollte strategisch an welcher Stelle angesetzt werden? In welchem Abstand zum Fundort sollte der erste Hund angesetzt werden? Wie steht die Windrichtung, ab wo kann der Hund schätzungsweise Witterung bekommen? Vor allem Letzteres wird häufig unterschätzt. Glücklicherweise hatte eine Zeugin den Mann auf der gegenüberliegenden Seite vom Fundort auf einem Waldweg getroffen. Sie war gerade mit ihrem Hund auf der Abendrunde gewesen, als er wie ein Geist aus dem Nichts neben ihr erschien. Nur über eine stillgelegte schmale Eisenbahnbrücke kam man vom Wohngebiet schnellstmöglich in den Wald. Gideon, Jo und Sally studierten die Karte der Umgebung. „Die Rettungssanitäter waren nie dort drüben auf der anderen Seite. Wenn wir von dort noch einmal ein Stück den Weg weitergehen bis zu dieser Weggabelung, dann können wird sehen, ob der Hund eine Spur hat und in Richtung des Fundortes zurückläuft“, sagte Gideon zu Kriminaloberkommissar Decker und zeigte eine Stelle auf der Karte.

1

Alexandra Grunow (links) mit ihrem Nachwuchsrüden Kojak und Rovena Langkau (rechts) mit ihrer einsatzfähigen Bloodhound-Hündin Heaven.

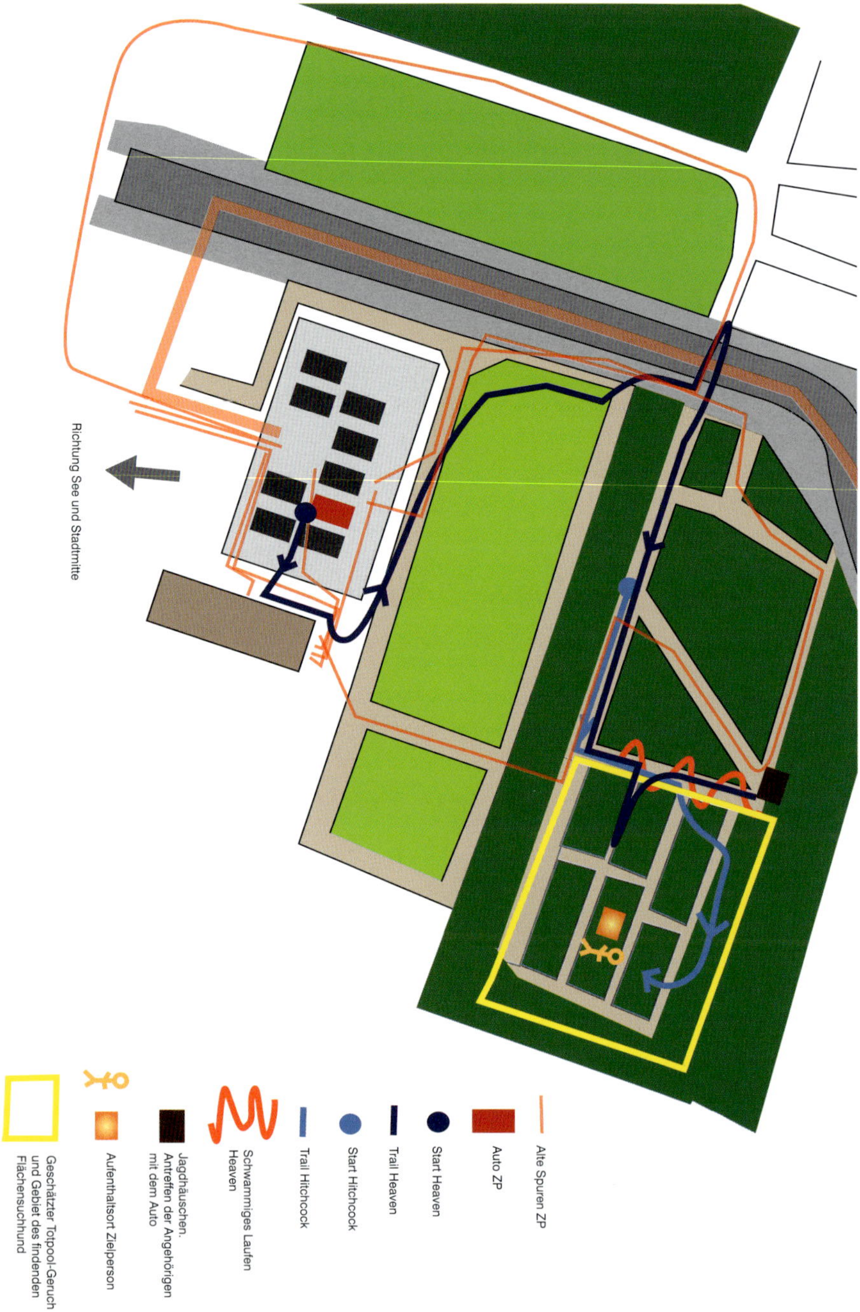

2

Karte zum Fall „Mit dem Rücken zum Baum“. Heaven schloss große Teile des Waldes aus und führte in den Totpool der vermissten Person. Hitchcock bestätigte die Richtung und arbeitete sich bis auf wenige Meter an die VP heran. Aufgrund des dichten Gestrüpps wurde ein Flächenhund hinzugezogen, der die VP auffinden konnte.

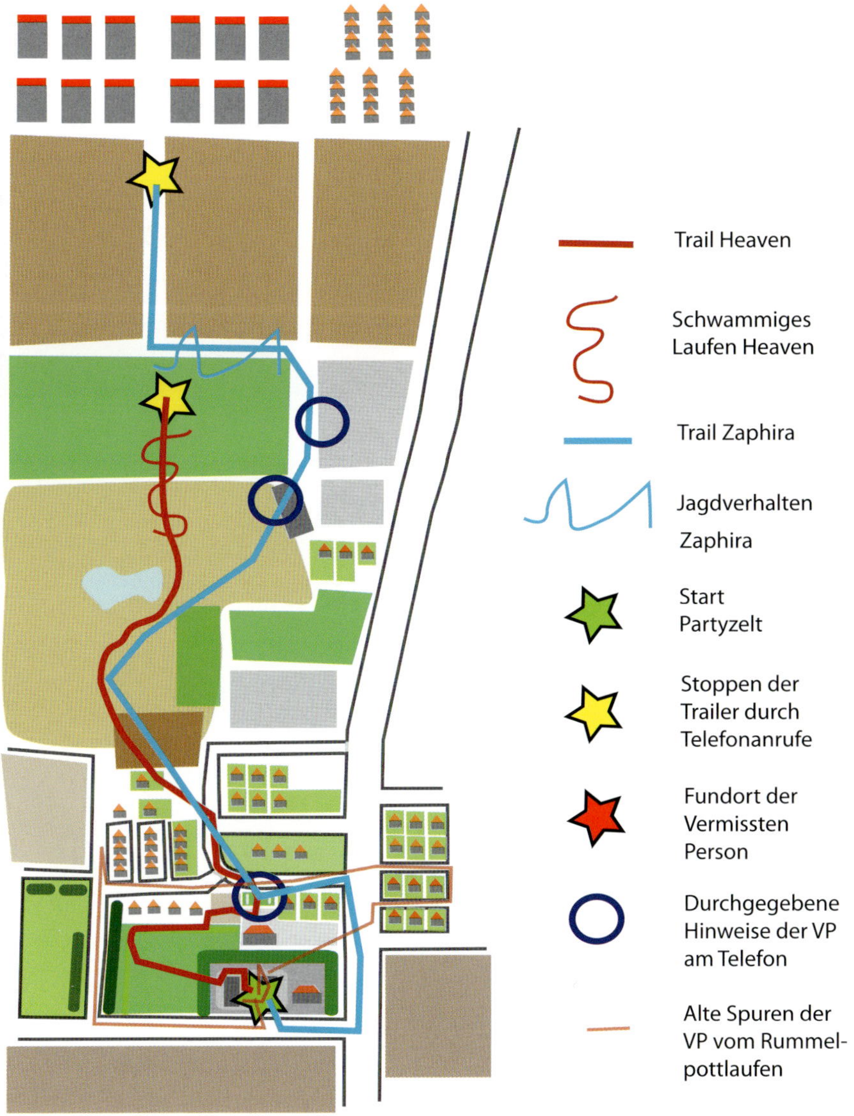

3

Karte zum Fall „Der Rummelpottläufer“. Heaven und Zaphira kämpften sich aus dem Geruchspool am Start und bewältigten mehrere Kilometer offene Fläche. Während der Suche wurde die vermisste Person in der Verlängerung der Richtung, die von den Hunden vorgegeben wurde, tot aufgefunden.

Karten zum Fall „Der verbrannte Mann“. Eine Person wurde mit schweren Brandverletzungen aufgefunden. Seine Identität war unbekannt. Die Suchhunde sollten die Spur rekonstruieren, aus welcher Richtung der Mann gekommen war.

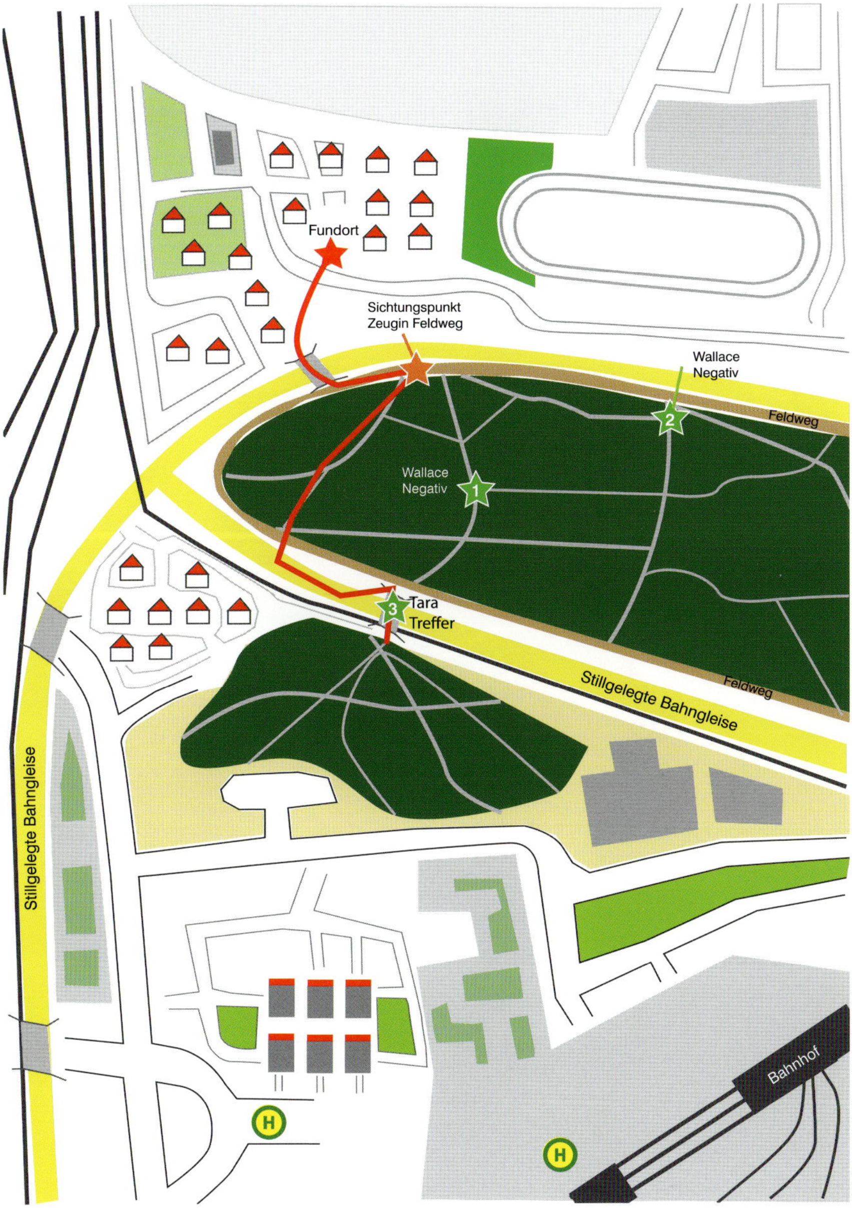

5

Es gab einen Sichtungspunkt einer Zeugin, die den Mann am Waldrand getroffen hatte. An zwei Kreuzungen im Wald zeigte Wallace ein Negativ an. Der dritte Ansatzpunkt mit Tara war ein Treffer. Der Hund lief in Richtung des Auffindeortes.

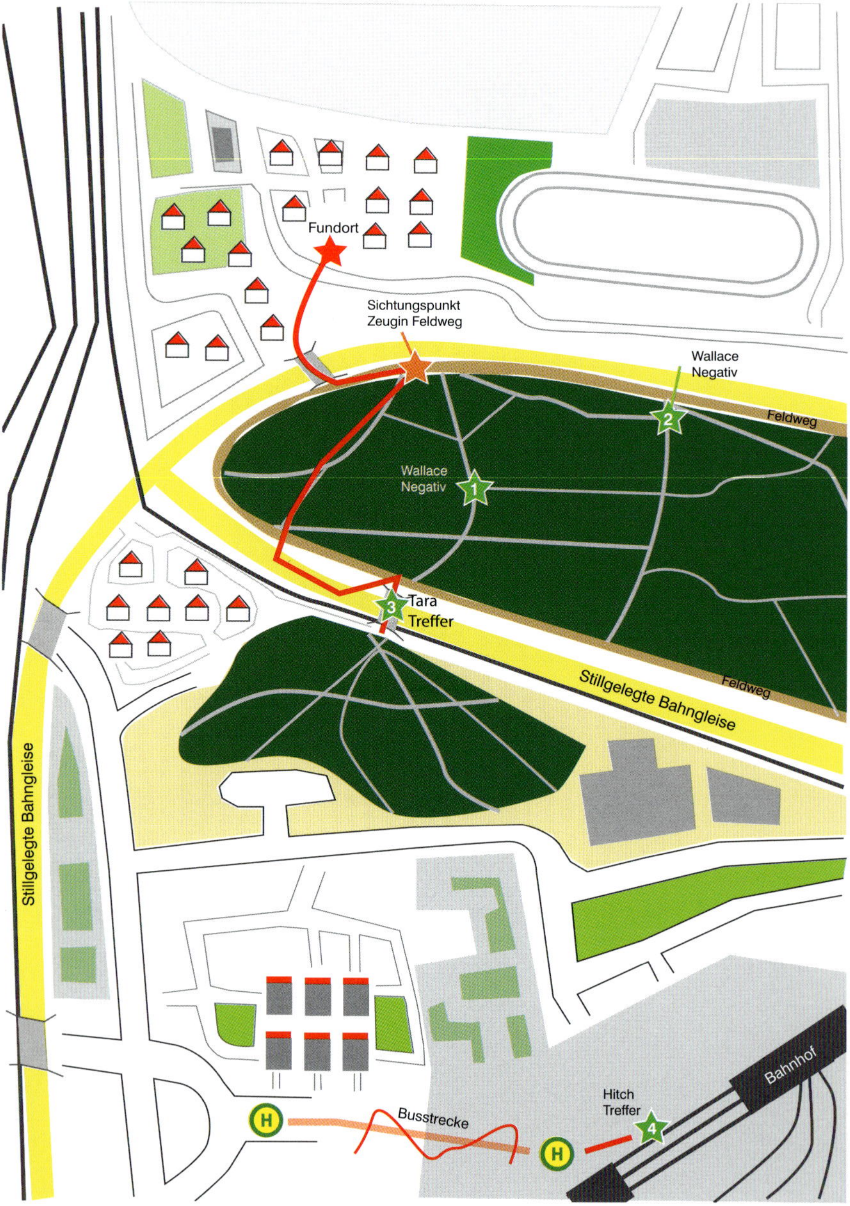

In der Richtungsverlängerung gab es einen Bahnhof. Um festzustellen, ob der Mann mit der Bahn gekommen oder doch in unmittelbarer Nähe vielleicht wohnhaft war, wurde als nächstes Hitchcock dort angesetzt. Der Bahnhof erwies sich als Treffer. Hitchcock lief zu einer Bushaltestelle. Der Bus fuhr in Richtung eines Wohnheims.

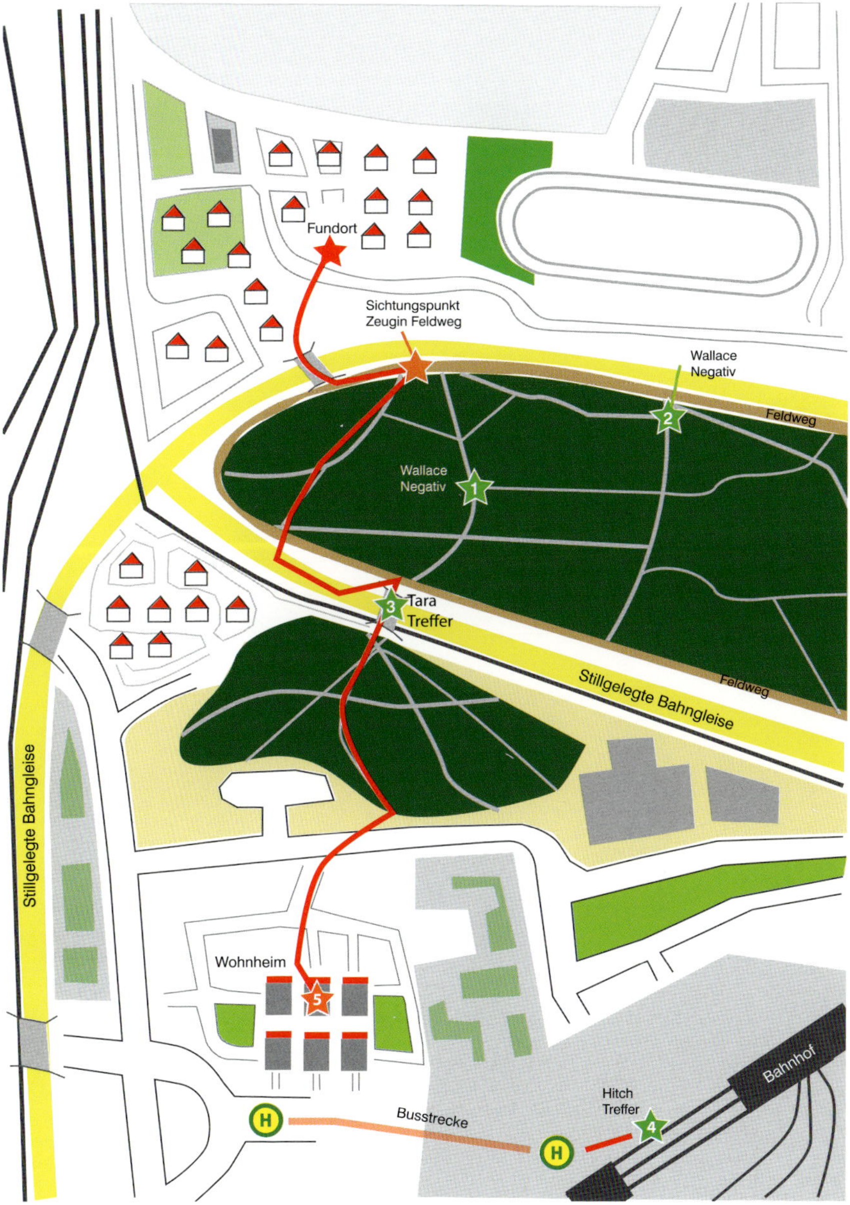

In der Wohnheimsiedlung angesetzt, zeigte Hitchcock Geruch der Zielperson an. Yota wurde dort angesetzt und trailte bis zu Taras Ansatzpunkt. Somit hatten die Hunde die Spur vom Bahnhof über das Wohnheim durch den Wald bis zum Auffindepunkt rekonstruiert.

Alexandra und ihr einsatzfähiger Bloodhoundrüde Wallace beim Training am Flughafen München. Selbst unter höchster Ablenkung bleibt der Suchhund fokussiert auf den Individualgeruch der versteckten Person.

2074 Hamburg 15:25 618 Check-in
1990 Köln / Bonn 15:25 620 Check-in
2478 London (LHR) 15:25 H41 Check-in
2454 Oslo 15:25 608 Check-in
2330 Wien 15:25 637 Check-in
H 2112 Bremen 15:30 629 Check-in
1860 Mailand (MXP) 15:30 664 Check-in
H 2418 Stockholm (ARN) 15:30 610 Check-in
476 Vancouver 15:30 H38 Check-in
H 434 Chicago (ORD) 15:35 H02 Check-in
H 2502 Manchester 15:35 H40 Check-in
H 412 New York (EWR) 15:35 H48 Check-in
H 2510 Birmingham 15:40 H39 Check-in
LH 2370 Zürich
LH 2098 Hannover
LG 9734 Luxemburg
LH 474 Montreal
LH 2218 Toulouse
EN 8220 Bari
MS 788 Kairo
LH 452 Los Angel
LH 414 Washingto
QR 004 Doha
LH 714 Tokio (NR
LH 458 San Franc
JP 157 Pristina
Departures
G, H
Lufthansa
Sperrgepäck
Bulky Baggage
Lufthansa
First Class
Check-in

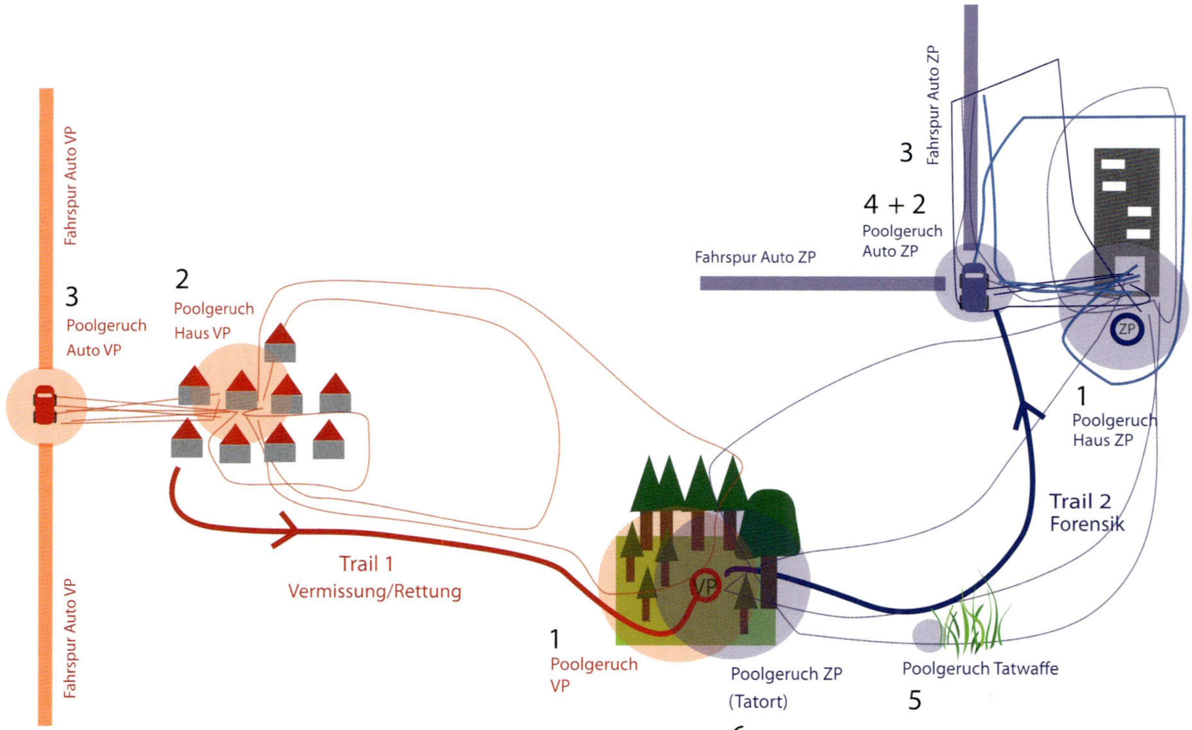

Trail 1 Vermissung

Start Wohnpool => Trail chronologisch => Ende Tatort (Endpool)
ältere Spuren unter Trail

Trail 2 Forensik

Start Tatort (Pool) => Trail nicht chronologisch => Ende Wohnhaus
frischere Spuren über Trail

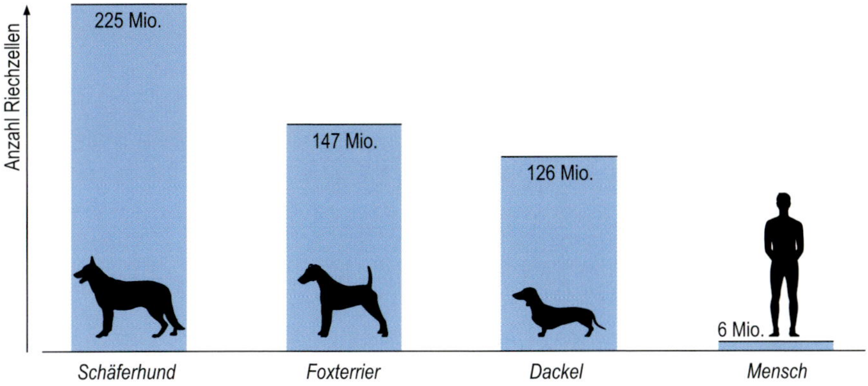

Ungefähre Anzahl der Riechzellen in der Nase verschiedener Hunderassen veranschaulicht dargestellt.

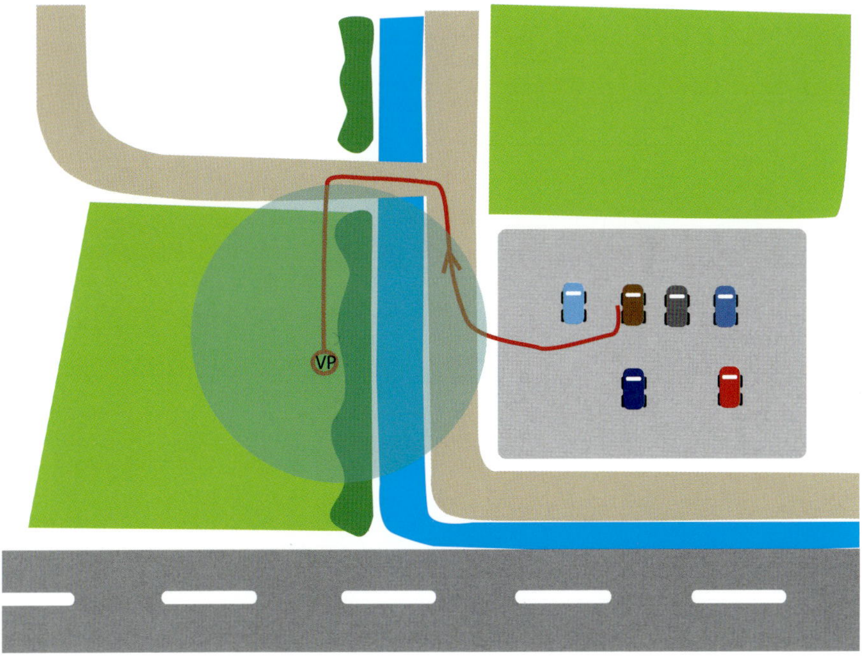

Trainingsübung „Start – Endpool – Thematik". Der Suchhund wird z.B. auf einem Parkplatz oder einer anderen offenen Fläche bereits im Endpool der VP angesetzt. Frischer Geruch der VP fällt über die gelaufene Spur. Der Hund lernt das Heranarbeiten in den Endpool.

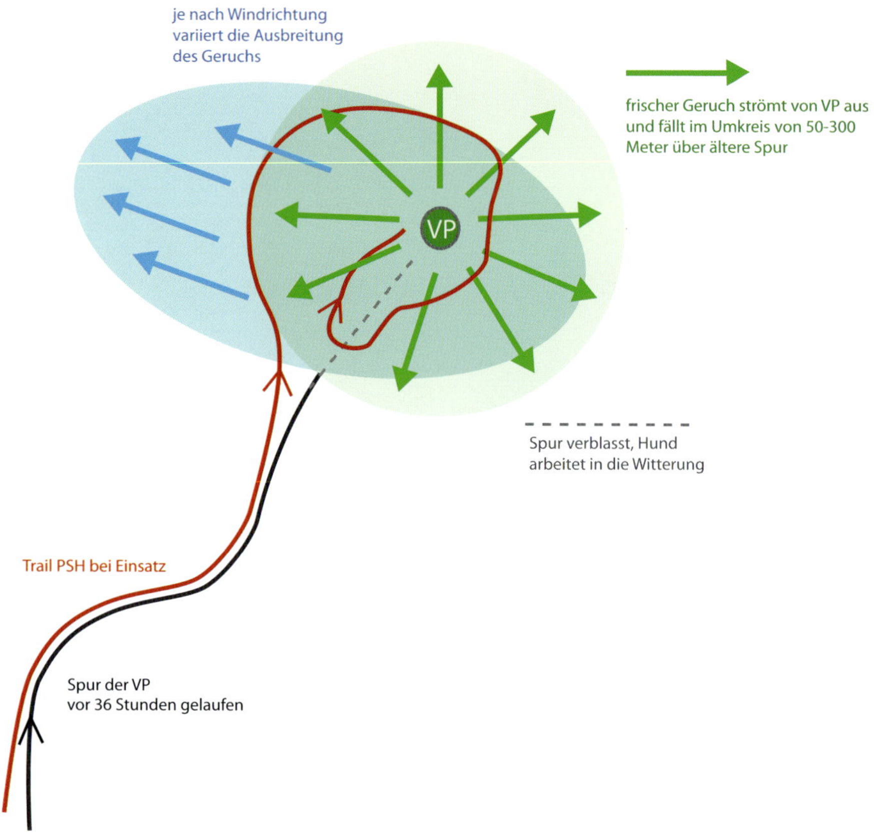

Je nach Liegezeit, Temperatur, Wetterverhältnisse und Windstärke kann sich der Endpoolgeruch der vermissten Person bis zu mehreren hundert Metern ausdehnen, die gelaufene Spur „verwäscht“ in diesem Bereich. Der Trailer muss lernen, sich an die VP möglichst nah heranzuarbeiten oder sie einzukreisen.

Der Forensik-PSH Labradorrüde Archie von Susanna Simon (K-9 Pro) riecht an einer Original-Geruchskopie, die von der Spurensicherung angefertigt wurde.

Archie löst selbst schwierige Fälle gewissenhaft und mit der nötigen Coolness. Ein auf Feinnasigkeit trainierter Forensik-PSH kommt auch mit sehr wenig Geruch aus.

Rovena und Heaven am Flughafen München (im Hintergrund ist der Tower zu sehen). Die Beiden haben sichtlich Spaß am Training. Die Motivation eines Personenspürhundes spielt bei der Suche eine große Rolle.

Im stark frequentierten Terminalbereich verändert sich die Körpersprache des Hundes aufgrund der hohen Kontamination durch die Flugpassagiere und Flughafengäste.

Konzentriert differenziert Heaven den Individualgeruch der versteckten Person von den Verleitgerüchen hunderter anderer Personen. Das ist Höchstleistung für die Nase.

Jo nahm die Kompressen mit einer Kornzange aus den Joggingschuhen des Geschädigten und steckte sie in Einweggläser, die er fest verschloss.

Dann fuhren sie mit mehreren Dienstwagen und einem Gefolge aus Suchgruppenhelfern, Einsatzhundertschaft, weiteren Brandermittlern und Kommissar Decker über die Brücke zum letzten gesicherten Punkt, an dem sich der Geschädigte laut Zeugin aufgehalten hat. Der Dienstwagen, in dem Gideon fuhr, die auch den Geruchsartikel dabeihatte, ließ die Autofenster und Lüftung vorsichtshalber verschlossen, um keinen Geruch zu verteilen. Man konnte nicht wirklich „außen herum" fahren, da man ja nicht wusste, wo die Person herkam. Zu-Fuß-Gehen machte auch nicht viel Sinn, da man sehr wahrscheinlich mehrfach umsetzen musste, bis man einen Treffer landete, und zudem den Geruchsartikel im Wald durch die Gegend tragen musste. „Wo führt denn dieser Weg hin?", fragte Gideon den ortskundigen Fahrer. „Nur tief in den Wald", meinte er. „Da kommt lange, lange nichts." Auch gabele sich der Weg immer weiter auf und ein Netz aus kleinen Wegen würde zu einem Irrgarten werden. Gideon überlegte und schlug dann vor, über die nächste Abzweigung hinauszufahren und den Hund in einem Seitenarm rund vierhundert Meter vom Start anzusetzen (1, Illustration Trail, Farbtafel 4). Sie stiegen aus dem Wagen, Wallace sprang aus dem Kofferraum. Sinnvoll war in diesem Fall der Rekonstruktion, mit einem gewissenhaften Suchtyp anzufangen und nicht mit einem Kombinierer, der einfach die Nase in die Luft recken und sich über Witterung zum Fundort des verletzten Mannes hinarbeiten würde. Wallace war sehr spurverliebt, arbeitete sehr genau. Ein Hautschuppenzähler. Der Buchhalter unter den Mantrailern. Wenn der Mann nicht über diesen Waldweg gelaufen war, würde Wallace es auch nicht tun. Ein paar Meter überbrücken würde er schon, aber nicht mehr. Gideon zog ihm das Suchgeschirr an, nahm die lange Lederleine, setzte sich die Stirnlampe auf und nahm eines der Gläser mit den Geruchskopien. Wallace begann sich zu strecken, schon mal aufzuwärmen.

„Hier legen wir los", gab Gideon den Polizisten das Zeichen zum Start der Suche und hängte die Suchleine vom Halsband des Hundes um ins Geschirr. Erwartungsvoll und ruhig schaute der dreijährige Bloodhound sie an. Mit einem Knacken öffnete Gideon das Einwegglas und hielt es Wallace hin. Dieser tauchte mit seiner Nase so weit es ging hinein. Das Glas beschlug leicht. „Riech", flüsterte Gideon leise. Intensiv sog der Bloodie den Geruch ein. Die Nasenflügel blähten sich langsam auf. „Suuch." Nichts passierte. Der Hund ging widerwillig ein paar Schritte los und blieb dann mitten auf der Kreuzung wie angewurzelt stehen. Das war kein Treffer. Von hier war der Mann sicher nicht gekommen.

Sie setzten wieder um und fuhren weiter nordöstlich in den Wald hinein zu einer großen Weggabelung, die auf der einen Seite auch zum Feldweg führte (2, Illustration Trail, Farbtafel 5). Wieder bekam Wallace den Referenzgeruch. Und wieder passierte – nichts.

Das Waldgebiet war riesig, mittlerweile war es stockdunkel geworden, und es stellte sich die Frage, wo sie den nächsten Hund ansetzen sollten. Würde man nur ein paar Hundert Meter weiter zurückgehen, würde es Tage dauern, um herauszufinden, wo der Mann herkam, und die Anzahl der Mantrailer war auf vier begrenzt. Gideon entschied sich, radikaler vorzugehen und ein weites Stück zu überbrücken. Der Plan war, um das Waldstück herumzufahren und von außerhalb mit der Suche fortzufahren. Die Frage war ja auch: Wie war der Mann in den Wald gekommen? Sämtliche Zugänge mussten überprüft und entscheidende Knotenpunkte gefunden und gecheckt werden. Eine aufwendige Arbeit, die den Hunden viel abverlangte. Rein ins Auto, raus aus dem Auto, Kreuzung abchecken, Negativ anzeigen, wieder rein ins Auto, zum nächsten Check fahren und so weiter. Sie tüftelten über der Karte und legten das Abarbeiten der

Kreuzungen fest, um die Hunde möglichst strategisch anzusetzen und Zeit und Kraft zu sparen. Tara und Sally sollten als nächstes Team starten.

Die Unterführung an den stillgelegten Bahngleisen war definitiv überprüfenswert. Dort fuhren sie als Nächstes hin (3, Illustration Trail, Farbtafel 6). Sally holte ihr Geruchsduplikat heraus und hielt Tara das Glas vor die Nase. Die Jagdhündin steckte die Nase hinein. Sally gab ihr das Suchkommando und die Hündin trailte los. Inka startete das GPS-Gerät. Sie und ein paar bewaffnete Polizisten folgten Tara und Sally. Zunächst liefen sie ein paar Meter entgegen der Himmelsrichtung zum Fundort, aus der Unterführung heraus und in die Nähe eines weiteren kleineren Wäldchens. Tara kippte vorn tief ab, der Körper zog sich keilförmig zusammen, das Hinterteil war nun deutlich höher als der Kopf. Die Hündin nahm Tempo raus und lief mit den Vorderbeinen breitbeinig, damit der abgesenkte Kopf dazwischen Platz hatte. Dann blieb sie abrupt stehen und warf den Kopf hoch, schnaubte leise durch die Nase wie ein Pferd, das die Umgebung scannte. Der gesamte Körper war unter Anspannung. Sally blieb ebenfalls stehen. Die lange Leine hing nun etwas durch. Tara drehte ab und kam zurück, lief im lang gestreckten Stechtrab wieder durch die Unterführung auf die andere Seite hinaus. Dann bog sie mit einer eckigen Bewegung auf den Feldweg nach links ein. Diesen verließ sie sogleich wieder, arbeitete sich ein paar Meter die Böschung zu den stillgelegten Schienen hinauf und lief eine Weile auf den Gleisen entlang. Die Steine im Gleisbett machten krachende Geräusche unter den schweren Schuhen der Polizisten. Sally versuchte, nicht über eine der Querstreben zu stolpern. Sie stellte den Lichtkegel ihrer Stirnlampe steiler nach unten und leuchtete somit nur wenige Meter hinter den Hund. Tara schob sich durch dichtes, piksendes Brombeergestrüpp wieder nach unten auf den Feldweg zurück, Sally, Inka und die Polizisten rutschten die Böschung hinab hinterher. Von dort trailten sie über einen weiteren Weg in den Wald, ein paar Hundert Meter geradeaus. Sie kamen immer tiefer hinein, die Umgebung war nur noch eine schwarz-grüne Wand, mehr konnte man im Vorbeilaufen nicht erkennen. Die Hündin bog weiter auf einen engen Trampelpfad ab. Der Weg wurde schmaler, das Gestrüpp wieder dichter, mehrere kleine Abzweigungen taten sich auf. Es war schwierig, während des Laufens bei den ganzen Verzweigungen noch die Orientierung zu behalten. Äste wischten durch Sallys Gesicht, ihre sonst eher ruhig arbeitende Hündin stemmte sich nun richtig ins Geschirr und schaufelte breitbeinig nach vorn. Sally war nur 1,62 Meter groß und ein Fliegengewicht. Sie konnte die Hündin auf dem unwegsamen Gelände streckenweise kaum halten, behielt die Leine aber fest in der Hand. Der Wald wurde lichter, die Hündin arbeitete wieder ruhiger. Sie kamen endlich aus dem Wald heraus. Sally stoppte Tara, um kurz zu verschnaufen. Da sah sie etwas entfernt das Licht mehrerer Taschenlampen aufleuchten. „Dahinten sind die anderen!“, rief sie Inka zu, die nur ein paar Meter hinter ihr war. Sie waren in der Nähe des Sichtungspunkts der Zeugin herausgekommen. Tara wollte weiter. Sie lief noch ein paar Meter in die Richtung, aus der das Licht kam, drehte dann aber ab über die Brücke und durch das Wohngebiet, in dem der Mann umhergelaufen war. Sie hatten deutlich den ersten Treffer gelandet und kannten nun die Himmelsrichtung, aus welcher der Verbrannte gekommen war.

In dieser Richtung gab es nun einen kleinen Wald, ein weiteres Wohngebiet, mehrere eingezäunte Firmengelände und einen Bahnhof. Die Spur musste natürlich nicht linear verlaufen, sie konnte auch einen Bogen machen. Am sinnvollsten war zunächst aber das Beibehalten einer Richtung. Bahnhöfe sind meist auch interessant, da Personen, die sich zu Fuß in einem Gebiet bewegen, entweder dort unmittelbar wohnen oder, wenn sie von weiter herkommen, gern die öffentlichen Verkehrsmittel benutzen. Sollte der Mann mit der

S-Bahn gekommen sein, könnte man sich im Stadtgebiet das Abchecken der vielen Kreuzungen ersparen. Nach diesen Überlegungen fuhren sie mit Hitchcock zum Bahnhof (4, Illustration Trail, Farbtafel 7). Gideon setzte ihn zwischen den Gleisen auf dem Bahnsteig an. Hitch war gleich Feuer und Flamme und zog zum Bahnsteig auf der anderen Seite hinüber. Dort roch er einen Mülleimer ab, eilte die Treppe hinunter und trailte auf den Bahnhofsplatz hinaus, an den vereinzelt wartenden Menschen, den parkenden Taxis und der Bushaltestelle vorbei. Kurz zuvor war ein Zug eingefahren. Ein paar wenige Autos fuhren vom Bahnhofsplatz ab. Der Bahnhofskiosk hatte geschlossen, es war schon fast Mitternacht. Hitchcock nahm Tempo auf und führte den Trupp die Hauptstraße entlang. Zudem fuhr noch ein Streifenwagen hinterher, um das Team zu sichern. Nach kurzer Zeit drehte der Bloodhound einen großen Kreis, blieb stehen und schüttelte sich. „Weiter, Hitch“, redete Gideon dem Rüden zu. Hitch trabte los, wieder in die Richtung, aus der er rausgedreht hatte. Er nahm die Nase deutlich höher und lief nicht so geradlinig wie zuvor. Er pendelte und musste kämpfen, hielt die Richtung eine ganze Weile bei, tat sich aber immer schwerer. Gideon nahm ihn nach knapp zweihundert Metern aus der Suche heraus. „Wir brechen hier ab. Er hat schon Geruch, aber nicht so deutlich wie noch am Bahnhof“, gab sie dem Zugführer per Funk durch.

Kommissar Decker, der an den Autos gewartet hatte, war von den Hunden begeistert. In der Zwischenzeit hatten die Ermittler über das Handy des verbrannten Mannes den Namen, das Alter und die Wohnadresse herausbekommen. Die lag allerdings ganz am anderen Ende der Stadt. Es war somit sehr wahrscheinlich, dass die Hunde mit der Spur vom Bahnhof weg richtig lagen. Ein interessanter Hinweis war zudem, dass der Mann in einem privat vermieteten Zimmer in einem Wohnheim lebte, ähnlich dem Wohnheim, das in der Nähe des Bahnhofs lag. „Können wir dort hinfahren und dieses mit den

Hunden überprüfen? Vielleicht ist der Mann dort gewesen." Gideon nickte. „Klar geht das. Wir können nur nicht sagen, von wann die Spur genau ist, falls es eine gibt."

Zurück an den Autos wurden die neuen Erkenntnisse, die die Hunde geliefert hatten, in die Karte eingetragen, um nun das weitere Vorgehen und die weiteren Ansatzpunkte der Trailer zu bestimmen. Zunächst sollte Hitch auf Wunsch des Kommissars an der Wohnheimanlage angesetzt werden. Sollte er dort nichts anzeigen, würde er noch die nächste Bushaltestelle checken, auf der Strecke, auf der er bereits unterwegs war. Diese lag in der Nähe des Wohnheims, von dort war es zu Fuß allerdings noch ein ganzes Stück zu laufen. Gäbe es hier auch keine Spur, hieße das, dass der Mann entweder vom Bahnhof aus mit dem Bus weitergefahren war, dann müsste man die nächsten Stationen überprüfen, um die Spur zu rekonstruieren. Oder er war in ein Auto eingestiegen. Oder der Mann war zwar an diesem Bahnhof gewesen, aber es war nicht die letzte Spur, die zum Fundort führte. In den letzten beiden Fällen müsste man den Bahnhof wieder abhaken, weitere Kreuzungen aus anderen Richtungen von den Hunden checken lassen und ein ganzes Stück näher an Taras Startpunkt an der Unterführung zurückgehen. Wallace und Tara würden nach der Pause auch noch einmal suchen können. „Inka, bleib du doch erst mal noch hier, du musst nachher bestimmt mit Yota noch arbeiten, und dann weißt du vor Ort nichts", sagte Gideon. Inka nickte. „Geht klar." Sie fuhren zu dem Komplex aus privaten Wohnheimen in einer kleinen Containerstadt. Hatte der Mann Verbindungen zu Bewohnern dieser Anlage?

Es gab mehrere Gebäude. Gideon setzte Hitch in der Mitte der Häuser an. Er würde sich zum richtigen Haus und der Spur mit hoher Nase hinarbeiten, da war sich Gideon sicher. Sie hielt Hitch den Referenzgeruch hin. Hitch roch diesmal nicht sehr intensiv daran, er hatte den Geruch noch abgespeichert. Der Bluthund drehte sich in einem spitzen Winkel leicht zurück und trabte los. Nach wenigen Metern kamen sie an einem grünen Wohnhaus an und Hitchcock wurde deutlich aufgeregter, er zeigte Poolverhalten, löste sich aber schnell wieder von dem Haus, was Gideon in diesem Fall sehr recht war. Sie wurden aus den Fenstern im Erdgeschoss beobachtet, das hatte sie aus den Augenwinkeln heraus gesehen. Die Polizisten waren dicht bei ihr. Hitch zog aus der Siedlung hinaus, auf eine große Straße. Das Wohnheim schien ein weiterer Treffer zu sein (5, Illustration Trail, Farbtafel 7).

Inka wurde an der Straße nach dem Wohnheim mit Yota angesetzt, um Hitch noch mal zu überprüfen und weiter Strecke zu machen. Ob Hitch dort gelaufen ist oder ein Negativ gezeigt hatte, wusste sie nicht. Sie sollte unvoreingenommen an den Start gehen. Sie gab dem Catahoula einen unbenutzten Referenzgeruch zu riechen und musste nicht rätseln, ob die Hündin Geruch hatte oder nicht. Diese schoss sofort los und nahm die Spur auf, lief das erste Stück nahezu deckungsgleich mit Hitch und trailte dann weiter an der Stelle vorbei, an der Gideon abgebrochen hatte. Noch rund drei weitere Kilometer rekonstruierten die Trailer. Dann waren Hund und Menschen erschöpft, es war mittlerweile drei Uhr morgens. Seit nunmehr sechs Stunden waren die Hundeführer im Einsatz.

Es stellte sich heraus, dass der Mann tatsächlich eine Kontaktperson im Wohnheim hatte und an diesem Tag auch dort gewesen war. Wie es zu den Verbrennungen kam, wissen wir allerdings nicht.

10 › Der Langstreckenradler

Vermissung
Junger Mann vermisst. Hinweis auf Suizid anhand eines gefundenen Abschiedsbriefes.

Ein Radfahrer wurde am Nachmittag von einem Freund als vermisst gemeldet. Der Freund vermutete, dass ein Suizid vorliegen könnte. Der Vermisste hatte einen Abschiedsbrief in seiner Wohnung hinterlassen und sich dabei noch die Mühe gemacht, ein Rätsel für die Suchmannschaften darin einzubauen. Das passte zu dem hochintelligenten Liegendradfahrer, der fast täglich zwischen fünfzig und hundert Kilometer zurücklegte. Ein Entwickler, ein Erfinder, ein Genie – das frustriert war und sich um eine ganz besondere Erfindung betrogen fühlte. Wie er in seinem Abschiedsbrief formulierte, war er es leid, dass andere seine Ideen klauten, um dann damit gutes Geld zu verdienen, wobei es ihm nicht primär um das Geld, sondern um die Ehre ging. Er konnte sich in dieser Arbeitswelt nicht durchsetzen. Immer wieder hatte er solche Tiefschläge erleiden müssen. Er hatte schon lange keine Lust mehr, etwas zu entwickeln. Aber Erfindungen waren nun mal sein Leben. Und dieses wollte er sich darum nehmen. Dies sollte nun spektakulär und mit Stil passieren.

Die Wohnung befand sich im zweiten Stock, direkt unterm Dach. Die Schrägen waren mit Holz verkleidet, die Einrichtung wirkte auf den ersten Blick etwas chaotisch. Unter einer Fenstergaube stand ein Meade-Teleskop, gen Himmel gerichtet. Eine Karte von München und Umgebung hatte der Vermisste auf dem Küchentisch zurückgelassen. Darin waren einige Stellen mit einem Kreis markiert, andere flächig schraffiert. Am Rand befanden sich Formeln und Rechenaufgaben, die die Koordinaten miteinbezogen. Wenn man es lösen würde, würde man ihn wahrscheinlich finden. Aber mit Sicherheit zu spät. Denn rechtzeitig gefunden werden wollte er nicht. Das hatte er ausdrücklich geschrieben und mit seinem zeitlichen Vorsprung machte er es den Suchkräften schwer. Rizzo und Gideon verließen sich indessen lieber auf ihre Hunde als auf des Rätsels Lösung.

Jo sicherte Geruchsartikel aus der Wohnung des Vermissten. Ein Berg ungewaschener Kleidungsstücke im Bad eines Singlehaushalts machte die Geruchsgewinnung dieses Mal recht einfach. Bis auf den Freund, der ihn als vermisst gemeldet hatte, hatte er nie Besuch, denn er war ein Eigenbrötler und mochte Menschen auch nicht besonders. Der Fall war klar, es handelte sich um eine klassische Vermissung. Sie würden wohl eine Zeit lang laufen, denn der Vermisste war natürlich mit seinem Liegendfahrrad unterwegs. Dass dies fehlte, hatte der Freund sofort gesehen.

Sie wollten mit den Bloodhounds starten, um möglichst schnell Strecke machen zu können. Rizzo setzte Heaven direkt vor der Haustür an. Diese stand offen, sodass der Hund auch ins Haus konnte. Eine Sportsocke diente als Geruchsartikel. Heaven roch in die Tüte und trailte los. Sie umkreiste das Haus zunächst und zog in den Garten auf der Rückseite des Hauses. Dort stand ein Schuppen. Sie roch intensiv die Klinke ab und warf eine Pfote gegen die Holztür. Rizzo öffnete die

Tür. Es war ein Fahrradschuppen mit Werkzeug. Der Bluthund dockte mit der Nase kurz an einem Vierkantschlüssel an, beschnüffelte noch einen Lappen mit Fahrradschmiere und drehte dann raus. Nun nahm sie richtig Fahrt auf und zog sportlich auf die Straße hinaus, bog anschließend auf eine größere Hauptstraße ab. Diese ging es eine ganze Weile geradeaus, dann durch einen beschaulichen Stadtteil am Rand von München. Es war trotz der Nähe zur Stadt insgesamt sehr ländlich. Kleine Straßen mit Einfamilienhäusern, ein Bäcker, ein Blumenladen, eine Holzbrücke über einen Bach. Nach rund zwei Kilometern bog Heaven in einen Park ein. Von dort ging es weiter in ein Waldgebiet, das durch eine breite geteerte Straße in zwei Hälften geteilt wird. Nach weiteren drei Kilometern, die aber eindeutig waren, machte das Suchteam erschöpft von dem flotten Tempo der Hündin eine Pause. Weder nach rechts noch nach links war die Hündin in dem Wald interessiert gewesen, auch nach der Pause wollte sie immer noch geradeaus auf der geteerten Straße weiter. So liefen sie noch eine ganze Weile. Nach fast anderthalb Stunden im Dauerjog wollten sie das Team auswechseln.

Da sich Rizzo sehr sicher war, auf der frischesten Spur zu sein, entschieden sie, die Autos nachzuziehen, um die Hunde schnell tauschen zu können und aufgrund der zu erwartenden weiten Strecke möglichst wenig Zeit zu verlieren.

Gideon und Hitchcock starteten direkt auf der geteerten Straße kurz vor dem Endpunkt von Heaven. Auch Hitch legte den Bloodietypischen Suchtrab ein, und wieder ging es einige Kilometer weit. Mittlerweile war man aus dem Waldgebiet wieder herausgekommen, in einem anderen Ortsteil noch weiter außerhalb der Stadt angelangt, hatte eine Bahnlinie überquert und offene Felder erreicht. Wie eine Lok auf Schienen schnürten sich die Hunde weiter an einer imaginären Linie durchs Gelände. Es wurde nun ein wenig hügeliger, blieb für die Hunde aber alles in allem recht mühelos. Nach rund 15

Kilometern ging allerdings den Hundeführern, Helfern und auch der begleitenden Polizei langsam die Luft aus. Jo und die Trailer entschieden, die weitere Strecke mit dem Auto zu stückeln, denn es war nicht abzusehen, wie weit die Fahrradspur noch gehen würde, und es wurde zunehmend dunkel. Stückeln hieß in diesem Fall, den Hund an einer Richtungsentscheidung anzusetzen, diese ein Stück arbeiten zu lassen und ihn dann wieder ins Auto zu nehmen, weiterzufahren bis zu einer strategisch günstigen Stelle, um ihn dort wieder anzusetzen, die Kreuzung überprüfen zu lassen und so weiter.

Gesagt, getan. Für diese Aktion wurden Brandy, Gideons Weimaranerhündin, und Rizzos Schweißhundmix Zaphira ausgewählt. Die Jagdhündinnen kannten dieses Spiel bereits aus anderen Fällen. Sie kamen im Wechsel zum Einsatz. Mal checkte die eine drei bis vier Kreuzungen, mal die andere. Schnell überbrückten sie so einige Kilometer. Das Gelände unterstützte dieses Vorgehen, da die Spur immer weiter auf breiten Feldwegen über Land ging. Wege, die eben gut zu radeln waren. Nach knapp 26 Kilometern erreichte man die Autobahn, über die eine Brücke führte. Die Straße, auf der sie fuhren, war nun aus Asphalt, ging nach links oder rechts ab und gabelte sich dann weiter auf. In diesem Fall setzten die Hundeführer den Hund nach der Kreuzung auf der anderen Seite ein Stück entfernt von der Autobahnbrücke an, denn diese konnte durch die sehr schnell fahrenden Autos und dadurch entstandenen Verwirbelungen einen Abriss des Geruchs herbeigeführt haben. Man konnte es den Hunden leicht oder schwer machen. Nach weiteren vier Kilometern endete der Asphalt und es ging auf einem Feldweg in den Wald. Dieser Weg war eine Sackgasse und endete irgendwo tief im Wald. Es war bereits dunkel geworden, Hunde und Hundeführer waren langsam am Ende ihrer Kräfte. Einmal noch wollten sie Hitchcock ansetzen, der sich mittlerweile wieder etwas ausgeruht hatte. Hitch arbeitete wie gewohnt sehr eifrig los. Er begann stärker zu ziehen, war kaum zu halten.

Gideon hielt sich nur noch an der Leine fest und stolperte hinterher. Plötzlich bog Hitchcock vom befestigten Weg auf einen Wiesenpfad ein. Weiter ging es über Wurzeln, entlang einer kleinen Baumallee auf einen Weiher zu. Hitch stockte ein wenig und kam mit der Nase ganz tief, schnaubte hörbar aus. Er schien sich zu ducken. Erst hatten es Rizzo und Gideon gar nicht gesehen. Da stand tatsächlich das Liegendfahrrad des Vermissten an einen Baumstamm gelehnt. An dem Fahrrad hing ein Pappschild: „An den Finder: Entschuldigung, dass ich Ihnen diesen Anblick nicht ersparen konnte.“ Hinter dem Baum lag der verzweifelte Physiker. Wir waren, wie bereits bei Beginn der Suche angenommen, zu spät gekommen. Eine Überdosis Insulin hatte seinem Leben ein Ende bereitet.

11 › Die Seniorin auf dem Friedhof

Vermissung
Ältere, an Demenz erkrankte Dame vermisst. Wohin ist sie vom Seniorenstift aus gelaufen?

Ihre Demenz wurde Margarete Z. zum Verhängnis. Immer öfter fand sie den Weg nach ihrem Spaziergang nicht mehr zurück in ihr Seniorenheim mitten in München. So auch an diesem Donnerstagabend. Während sonst aufmerksame Bürger Margarete Z. aufgrund ihres Zettels, den sie immer in ihrer Tasche bei sich trug, zurückbrachten oder die Polizei informierten, kam sie diesmal nicht zurück und schien wie vom Erdboden verschluckt.

Seit 19 Uhr lief die Suche nach der älteren Dame. Bislang erfolglos. Eine Stunde nachdem Rizzo und Gideon die Alarmierung bekamen, waren sie vor Ort. Die einfache Wegstrecke mit dem Auto betrug über 70 Kilometer. Jo war bereits am Einsatzort. Die Sicherung der Geruchsartikel war diesmal problemlos, denn Frau Z. lebte allein in einem eigenen Appartement innerhalb des Seniorenstifts und konnte sich auch noch allein waschen und anziehen. Da das Bett allerdings von den Pflegekräften gemacht wurde, schieden das Bettzeug und das daraufliegende Nachthemd als Referenzgeruch aus. Vor allem, da die Pflegekräfte auch durch den Schichtwechsel nicht mehr vor Ort waren. Es gab allerdings eine Wäschetruhe im Bad. Jo zog sich Einmalhandschuhe über, schob seine Hand in eine kleine Plastiktüte und nahm so die Unterwäsche der Seniorin heraus, um sie dann in Einweggläser fallen zu lassen. Diese beklebte er am Glasboden mit grünen Punkten als Zeichen für „besonders gute und unkontaminierte Geruchsartikel“. Mit Gelb werden die markiert, die Schwierigkeiten wegen Kontamination bereiten könnten, und Rot ist nur im äußersten Notfall zu nehmen, wenn es wirklich nichts anderes gibt. Das macht vor allem Sinn, wenn mehrere Hundeführer im Einsatz sind und sich der Einsatz bis in die Morgenstunden zieht.

Nachdem Gideon Hitchcock das Geschirr angezogen und mit dem Aufzug in den dritten Stock des Altenheimes gefahren war, betraten sie das Appartement der alten Dame. Polizisten des Kriminaldauerdienstes und Jo, der Zugführer, warteten dort bereits auf den Trailer. Mitgekommen waren zusätzlich zwei Polizisten der Einsatzhundertschaft zur Absicherung sowie Kyle als Helfer. Er war mit GPS- und Funkgerät ausgestattet. Kaum angesetzt, trailte Hitchcock trotz des starken Poolgeruchs los und roch am Aufzug. Im Eifer des Gefechts kratzte Hitch mit der Pfote gegen die Aufzugtür. Eindeutiger ging es nicht. Am wahrscheinlichsten sind als Endstation das Erdgeschoss, gefolgt vom Keller. „Mal sehen, ob Hitchcock das Gebäude überhaupt verlassen will“, sagte Kyle zu Gideon. Nicht selten befand sich die vermisste Person noch im Haus. Eine abgesperrte Putzkammer, der Lastaufzug, der Heizungsraum oder das Zimmer einer Nachbarin … das war alles schon vorgekommen. Im Erdgeschoss angekommen, zog der Bloodhound durch den Hauptausgang aus dem Gebäude und überquerte die Straße. Auf der anderen Seite gab es einen Fuß- und Fahrradweg, der nach rechts leicht bergab parallel zur Isar führte. Hitch erhöhte sein Tempo. Dann nahm er die Nase hoch und schien über ein kleines Parkstück abkürzen zu wollen, doch ein Zaun hinderte ihn daran. Am Ende des Zauns angelangt, preschte Hitchcock um die Ecke und an einer Kreuzung hinunter zu den U-Bahn-Gleisen. Dort trollte er sich noch ein wenig herum und roch den Bahnsteig ab.

Normalerweise würde man jetzt sagen, das war's für die Trailer, die Spur endet für die Hunde an der U-Bahn. Da noch Kapazitäten vorhanden waren, gab es weitere Möglichkeiten, die Spur ein Stück weiterzuverfolgen, es zumindest zu versuchen. Mit den Erkenntnissen der Suche befragte das Einsatzteam die Tochter der Vermissten: „Wo hat sie früher gearbeitet oder gewohnt? Welche Bekannten hat sie, die sie vielleicht besuchen möchte?" Manchmal erinnern sich Demenzkranke plötzlich wieder an Bruchstücke von früher und leben in der Vergangenheit auf. Sie wissen genau, wo ihre Arbeitsstelle war oder wo sie jahrelang gelebt haben, als sie noch jünger waren. In der Gegenwart hingegen vergessen sie selbst den kurzen Weg vom Wohnzimmer zur Toilette. Den weiten Weg in die alte Arbeitsstätte, den sie seit Jahren nicht mehr genommen haben, finden sie aber. Das ist doch immer wieder erstaunlich.

Die Tochter erklärte, dass ihre Mutter nie allein mit den öffentlichen Verkehrsmitteln fahren würde und auch gar kein Geld, geschweige denn eine Fahrkarte dafür besäße. Sie erzählte weiter, dass sie, als der Mann ihrer Mutter noch lebte, aber oft mit ihm zusammen zum Friedhof gefahren sei. Denn dort war die andere Tochter, ihre Halbschwester, beerdigt. Dorthin war sie mit ihrem Mann mit den öffentlichen Verkehrsmitteln mindestens einmal im Monat hingefahren. Weitere Bezugspunkte zu den öffentlichen Verkehrsmitteln gab es nicht, Freunde und Bekannte hatte das Paar nicht mehr gehabt, der Mann war schon länger krank gewesen. Seit er tot war, fuhr sie mit der Mutter an Allerheiligen und zu den Geburtstagen der Verstorbenen mit dem Auto dorthin. Die letzte Fahrt war allerdings nun schon einige Monate her.

Das Team beriet sich und entschied, in diesem Fall einen Versuch zu wagen. Um zu besagtem Friedhof mit den öffentlichen Verkehrsmitteln zu kommen, hätte Margarete Z. mit der U-Bahn bis zum Harras fahren und dann in die Trambahn umsteigen müssen. Die Endstation der Tramlinie war in der Nähe des Friedhofs, auf dem die Tochter und mittlerweile auch der Ehemann beerdigt waren. Da es die letzten Jahre keine Spuren der Vermissten mehr auf der Strecke mit den öffentlichen Verkehrsmitteln gab, konnte man das Risiko eingehen, die Haltestellen mit den Hunden zu überprüfen. Sollte Frau Z. nun tatsächlich mit der U-Bahn und Trambahn unterwegs sein, würden die Hunde ihren Geruch anzeigen. Die Hoffnung lag darin, an einer der Haltestellen eine frische Spur von ihr zu bekommen. Die Teams setzten zum Harras (Platz im 6. Stadtbezirk Sendling in München) um.

Hitchcock wurde erneut in der U-Bahn angesetzt, um zu sehen, ob eine Spur vom Gleis im Untergeschoss zur Trambahn im Erdgeschoss führte. Tatsächlich zog der Bloodhound forsch los. Er ignorierte die Wartenden auf den Bahnsteigen und nahm ohne zu überlegen den Weg nach oben. An der Tramlinie angekommen, lief er noch an die 50 Meter an den Gleisen entlang, dann begann er zu pendeln. Gideon nahm ihn raus.

Damit war klar, dass Frau Z. tatsächlich die U-Bahn genommen hatte und mit hoher Wahrscheinlichkeit auch in die richtige Trambahn eingestiegen war. Die Hoffnung war nun, dass sie bis zur Endstation der Tramlinie gefahren war. Wieder setzte das gesamte Team um und startete nun mit Weimaranerin Brandy. Sie trailte eifrig los. Diese Spur war eindeutig und vom Suchverhalten der Hündin her absolut frisch. Brandy steigerte das Tempo weiter, sie wurde mehr und mehr aufgeregt. Am Friedhof angekommen standen sie vor verschlossenen Türen. Brandy zeigte zudem wenig Interesse am Friedhofseingang, sondern lief flott weiter an der Friedhofsmauer die Straße entlang. Diese überquerte sie nach einer Weile und schoss im Zickzack durch ein Wohngebiet mit Mehrfamilienhäusern. Es wirkte nun ziellos, planlos, ein wenig zu hektisch. Gideon nahm etwas Tempo raus. Sie kamen um eine Häuserecke, die Hündin hatte das Wohngebiet verlassen und zog auf eine größere Straßenkreuzung zu, die in der Verlängerung wieder zurück zum Friedhof geführt hätte. An der Kreuzung stand eine kleine zierliche Person mit weißen Haaren. Die Ampel zeigte Rot. Brandy wedelte aufgeregt und warf sich bei der Seniorin ins Platz. „Frau Z.?“ Die Angesprochene drehte sich um und guckte Gideon mit großen Augen an. Dann wollte sie weiterlaufen. Die Ampel hatte auf Grün geschaltet. Kyle redete der Frau gut zu und begleitete sie über die Straße. Gideon winkte die hinterherfahrenden Polizisten hrean. Frau Z. stieg in den Streifenwagen und konnte unverletzt und auch noch nicht unterkühlt zurück in ihr Seniorenheim gebracht werden.

Wie so oft passierte es auch in diesem Fall, dass eine an Demenz erkrankte Person den Weg zu einem früheren Bezugspunkt finden konnte. Wenn dort etwas baulich verändert wurde oder Türen verschlossen sind, finden die Personen den Weg häufig nicht mehr zurück. Dann irren sie hilflos umher und laufen Gefahr, beispielsweise durch Unterkühlung zu Schaden zu kommen. Aus diesem Grund ist es wichtig, gerade in der kalten Jahreszeit so früh wie möglich mit der Suche zu beginnen, um das zu verhindern. Nicht selten fährt nach einer Richtungsvorgabe durch den Hund die Streife schon in die Suchrichtung weiter, die zu einem möglichen Bezugspunkt führt. Mehrfach konnte dann die Polizei oder der Hubschrauber mit Wärmebildkamera die vermisste Person auf dem Weg dorthin auffinden oder in einem alten Zuhause auf sie warten.

12 › Die Tote am Fluss

Vermissung
Frau aus Wohnhaus abgängig. Wohin führt die letzte Spur?

Uli wurde wach. War das gerade die Tür gewesen, die leise ins Schloss gezogen wurde? Sie blickte auf das Display ihres Smartphones, das auf dem Nachttisch neben ihr lag. Kurz vor fünf Uhr morgens. Sie hatte sich wohl verhört oder geträumt. Um diese Uhrzeit war am Sonntag sicher noch keiner von ihrer Familie wach. Eine Weile lauschte sie angestrengt nach draußen in den Flur. Nichts passierte. Es herrschte Stille. Uli ließ sich wieder auf ihr Kopfkissen sinken, drehte sich zur Seite und schlief weiter. Drei Stunden später stand sie auf, um Frühstück zu machen. Sie kochte Kaffee und Kakao und machte Rühreier mit Toast. Dann weckte sie ihre kleine Schwester und klopfte an das Schlafzimmer der Mutter. „Mama, aufstehen, Frühstück ist fertig!" Keine Reaktion. Sie klopfte noch einmal und öffnete vorsichtig die Tür. Die Vorhänge im Zimmer waren zugezogen. Uli knipste das Licht an. „Mama?" Das Bett war gemacht, Kopfkissen und Bettdecke aufgeschüttelt und fein säuberlich zusammengelegt. Über das

Fußende war eine Tagesdecke gespannt. Uli lief durch die Wohnung und guckte in alle Zimmer, von ihrer Mutter fehlte jede Spur. Keine Nachricht auf dem Handy, kein Zettel an der Pinnwand, nichts. Komisch. Vielleicht war sie zum Bäcker gegangen, um frische Semmeln zu holen. Dann müsste sie gleich zurück sein. Sie lebten seit einigen Jahren mitten in der Stadt. Somit war alles in kurzer Zeit und zu Fuß erreichbar. „Komm, Leonie, iss schon mal die Eier, die werden ja sonst kalt." Sie setzten sich an den Küchentisch und frühstückten zusammen. Ein paar Brötchen mit Nutella würden sie zusammen mit der Mutter schon noch verdrücken können. Als diese nach zwei Stunden immer noch nicht zurückkam, wurden die Mädchen unruhig. Die siebzehnjährige Uli verständigte die Polizei. Schließlich war ihre Mutter vor zwei Jahren kurz nach der Trennung von ihrem Mann schon einmal verschwunden gewesen.

Es sollte einer der heißesten Tage in Süddeutschland werden. Das Thermometer kletterte stetig weiter nach oben. Als die Polizei anrief, waren Rizzo und Gideon nicht sehr glücklich darüber. Es war mittlerweile zwölf Uhr Mittag und hatte weit über 30 Grad. Die Hunde hatten sich in die kühlsten Ecken der Häuser verzogen und lagen flach ausgestreckt auf den Fliesen, schnarchten mehr oder weniger leise vor sich hin. Gern hätten sie ihnen die Ruhe an diesem heißen Sommertag gegönnt. Doch der Einsatz konnte nicht warten, es bestand der Verdacht auf Suizid. Die vermisste Frau hatte schon einmal versucht, sich das Leben zu nehmen. Damals mit Tabletten. Bei diesen hohen Temperaturen würden die Geruchspartikel auf der Spur schnell verbrennen und je nach Gegebenheiten mehr oder weniger große Geruchsabrisse auftreten, was das Verfolgen der Spur extrem erschweren konnte. Hier sind wie beim Verfolgen einer Autospur oder einer sehr alten Spur feinnasige Hunde nötig, die mit wenig Geruch auskommen und nicht hitzeempfindlich sind, da die Suche anstrengend ist. Zwar kann in den frühen Morgenstunden am folgenden Tag erneut gesucht werden, denn über Nacht vermehren sich die Bakterien bei kühleren Temperaturen und etwas feuchterer Luft wieder, doch das würde natürlich einen großen Zeitverlust bedeuten.

Und die Zeit drängte. Als Erster war Rob mit Wolle vor Ort. Der Bayerische Gebirgsschweißhund brauchte zwar eher viel Geruch, doch einen Versuch konnte man starten, bis Rizzo und Gideon vor Ort waren, die eine weitere Anreise hatten. Rob setzte Wolle an der offenen Haustür der Vermissten an. Die beiden Töchter waren am Start dabei. Die kleine Schweißhündin zog sogleich los, die Treppe hinunter, ein kurzer Check in den Keller, dann durch den Hintereingang hinaus. Als Rob die Tür nach draußen öffnete, fühlte es sich bereits an, als würde man gegen eine heiße Backsteinwand prallen. Wolle stockte, sie versuchte in jede Richtung Geruch zu bekommen, hangelte sich im Schatten Stück für Stück weiter. Dort war es etwas kühler und für sie noch ein wenig Spur vorhanden. Als die große breite Straße kam, die seit Stunden bereits in der vollen Sonne lag, wurde die Hündin immer langsamer und blieb nach einer Weile ganz stehen. Es war auch für Rob nicht mehr erkennbar, in welche Richtung es weiterging. Schieben und Drücken hatte auch keinen Zweck. Das Team musste nach wenigen Metern abbrechen. Kurze Zeit später bogen Rizzo und Gideon mit dem Einsatzfahrzeug in die schmale Straße mitten in der Stadt ein. Hitchcock wurde im Erdgeschoss zwischen Haupt- und Hinterausgang angesetzt. Auch er verließ das Haus hinten. Mit halbhoher Nase kämpfte sich Hitch über den brennenden Asphalt und machte schnell Strecke. Hinaus auf die Hauptstraße, diese überqueren und auf der anderen Seite entlang immer geradeaus. Vorbei an unzähligen Cafés und Geschäften, Menschen, Hunden, Katzen, Bussen, Pkws ging es schließlich eine Straße steil hinab. In der Mitte verlief ein Trambahngleis. Mit dem strahlend blauen Himmel hatte dieser Moment etwas von den Straßen von San Francisco. Nur der leichte Wind fehlte. Leider. Die Hitze war brutal. Hitch begann immer mehr zu speicheln, sein Fang ging auf. Gideon machte im Schatten eine Pause. Tine war als Helfer dabei und bat in einem Café nach einem Eimer Wasser. Als der Bloodhound ein wenig abgekühlt war, beträufelten sie ihn Stück für Stück mit Wasser und ließen ihn trinken. Auf dem Asphalt flimmerte die Luft. Nach zehn Minuten hatten sich alle so weit regeneriert, dass ein Weitersuchen Sinn machte. Sie waren bisher anderthalb Kilometer gelaufen. Und weiter ging es. Nach einem weiteren Kilometer kamen sie an der großen Isar an. Münchens schönster Fluss, der mit seinen breiten Kiesstränden zum Baden einlud, glitzerte verlockend in der Sommersonne. Hitch überquerte einen Fahrradweg, der parallel zum Fluss entlang durch die halbe Stadt führte. Er lief ein Stück in Fließrichtung, bis ein schmaler Trampelpfad auf einen kleinen Isarweg führte. Hitch nahm den Abgang und zog Gideon hangabwärts hinterher. Der Trampelpfad gabelte sich noch weiter auf, Hitch nahm ein paar Abzweiger und zog an einer Stelle hinaus auf das Kiesbett, weiter ein Stück ins Wasser. Dort tauchte er seinen Kopf unter Wasser und schien seine Nase zu spülen. Er schüttelte sich. Stapfte ein wenig umher. Begann im kühlen Nass zu planschen. Seine Körperspannung war einer Gelöstheit gewichen. Er schaltete von „Job“ deutlich sichtbar um auf „Freizeit“, off duty, außer Dienst. Die Suche war für ihn hier zu Ende. Zur Sicherheit ließen sie Heaven noch einmal überprüfen und setzten sie ebenfalls an der Haustür an. Das Ergebnis war dasselbe, der Trailverlauf nahezu identisch. Keine guten Nachrichten für die Angehörigen. Der Aussage der Hunde nach schien die Frau in den Fluss gegangen zu sein. Da sie sehr früh am Morgen das Haus verlassen hatte, lag nun ein weiterer Suizidversuch nahe. Die Böschung und Randbereiche entlang der Einstiegstelle der Hunde wurden flussauf- und -abwärts von den Flächenhunden abgesucht. Wenig später konnte die Frau von der Feuerwehr im Fluss geborgen werden. Sie war in Strömungsrichtung noch ein paar Meter weit abgetrieben.

Teil 2

Mantrailing in der Theorie

1 › Der PSH in der Rettung und Forensik

Der Personenspürhund (PSH) oder auch Mantrailer nimmt die letzte Spur einer Person anhand eines Referenzgeruchs auf, zum Beispiel in Form eines von dieser Person zuvor getragenen Kleidungsstücks oder eines angefassten Gegenstands. Für den Gebrauch in Realeinsätzen eignet sich nicht jeder Hund. Er muss neben einer hohen Belastbarkeit und Coolness vorallem auch Nervenstärke und viel Arbeitswille und Motivation mitbringen. Die Ausbildung ist sehr aufwändig und dauert bis zur Einsatzfähigkeit ungefähr zwei bis drei Jahre.

Zunächst einmal unterscheidet man zwischen zwei Sparten, in denen diese speziell ausgebildeten Hunde zum Einsatz kommen. Einmal im Bereich der Vermissung beziehungsweise des Wiederauffindens eines Menschen, dessen Identität bekannt ist (Rettung), und einmal im Bereich der Forensik, bei dem Personenspürhunde bei der Aufklärung von Strafsachen helfen können. Bei einem Forensikeinsatz ist die Identität des Täters meist nicht bekannt. Die Hunde können somit im Idealfall eine Aussage zu den nachfolgenden Fragen machen.

Klassische Vermissung/Rettung

„Wo ist die vermisste Person (VP) hingegangen?“

Der Hund verfolgt die Spur einer Person von ihrem letzten gesicherten Aufenthaltsort. Beispielsweise Person mit Verdacht auf Suizid aus Wohnung abgängig, Bewohner mit Demenz abgängig aus dem Seniorenheim oder Patient abgängig aus dem Krankenhaus oder Kind abgängig von zu Hause oder Schule (Start => Ziel). Häufige Zusammenarbeit mit Flächenhunden, nachdem Trailer eine Richtung vorgegeben hat. Zudem werden die Flächen (wenn vorhanden) um den Startpunkt herum nach Start des Trailers von den Flächenhunden routinemäßig abgesucht.

Hier ist generell Eile geboten, vor allem bei „Gefahr in Verzug“ (zum Beispiel Suizid), die Teams arbeiten unter einem enormen psychischen Druck. Die Alarmierung erreicht die Hundeführer häufig in der Nacht bzw. den frühen Morgenstunden. Die Spur ist meist zwischen drei und 48 Stunden alt. Vermisstensuchen können mehrere Stunden dauern.

„War die Person vor Ort?“

Der Hund läuft anhand eines Referenzgeruchs entweder eine Spur oder er zeigt an, dass die Person nicht vor Ort war (Negativ). Häufiger Einsatz in der Vermissung: Checken von Haltestellen oder Teilstrecken, Überbrücken bei extremer Langstrecke, um Kräfte und Zeit zu sparen (beispielsweise Fahrradfahrer abgängig, der Trail ist über 20 Kilometer lang).

Es gibt verschiedene Negativ-Formen, die man in der Ausbildung trainieren muss (hartes Negativ = die Spur endet; weiches Negativ = die Spur endet, darunter führt aber eine ältere Spur weiter; Ansatz-Negativ = es gibt an diesem Ort keine Spur).

Forensik

„Wo ist die aufgefundene Person hergekommen?“

Meist mehrere Hunde rekonstruieren die Spur „rückwärts“, aus der die Person gekommen ist (Ziel => Start), indem man sie bestimmte Kreuzungen abchecken lässt. Wird häufig angewendet, wenn eine Person tot oder schwer verletzt aufgefunden wurde, deren Identität nicht bekannt ist.

„War die Person vor Ort/der Täter?“

Der Hund läuft mit dem Referenzgeruch entweder eine Spur oder er zeigt an, dass die Person nicht dort war (Negativ). Häufig zu klärende Frage: Ist der Verdächtige auch wirklich der Täter?

„Wo ist die Tatwaffe?“

Der gewissenhafte Suchhundetyp zeigt Poolgeruch und Gegenstände an, wenn sie sich auf dem Trail oder in der Nähe des Tat- oder Wohnorts des Täters befinden. Hierfür ist am besten der gewissenhafte Suchhundetyp geeignet.

„In welcher Ortschaft hält sich die Zielperson (ZP) auf?“

Der Suchhund wird in verschiedenen Ortschaften angesetzt. Er zeigt an, ob der Täter sich in dem Ort befindet (oder dort kürzlich war) oder eben nicht („Negativ“). Gut ist hierbei gegebenenfalls zu erkennen, wie frisch die Spur ist. Zudem ist in diesem Fall ein Hund von Vorteil, der sich aktiv zum Geruch / zur Spur hinarbeitet, da man keinen bestimmten Ansatzpunkt hat.

„Wo wohnt der Täter (die ZP) bzw. wohin ist er nach der Tat gelaufen?"

Der Suchhund trailt vom Tatort los und kreist am Ende der Spur den Wohn- oder Aufenthaltsort ein, zeigt ggf. Wohnungstür an.

„In welche Richtung hat der Täter mit dem Fluchtfahrzeug den Tatort verlassen?"

Nur mit einem Cartrailer möglich, der die Autospur des Täterfahrzeugs verfolgen kann.

Die Einsätze im Bereich der Forensik finden häufig nach Terminabsprache und tagsüber statt. In beiden Sparten ist der Mantrailer für die Polizei nur ein weiteres Hilfsmittel in der Einsatzkette. Ebenso zum Einsatz kommen beispielsweise der Polizeihubschrauber mit Wärmebildkamera, die Einsatzhundertschaft, Streifenpolizisten, Flächen- oder Leichensuchhunde, Feuerwehr, Zeugenaussagen, Handypeilung, öffentliche Fahndung, kriminaltechnische Untersuchung etc. Sehr oft kann der Hund allerdings schnell wichtige Hinweise über die letzte Spur einer Person geben, die diese hinterlassen hat, was vor allem bei einer Vermissung Leben retten kann. Bei der Aufklärung von Strafsachen wie Raub, Mord oder einer (versuchten) Vergewaltigung gibt der Hund im besten Fall einen Hinweis, in welcher Richtung von den leitenden Kommissaren (parallel zu anderen Ergebnissen) recherchiert werden kann oder ob sich ein bereits erhobener Verdacht erhärtet. Als Beweismittel anerkannt ist die Aussage des Hundes in Deutschland nicht, dennoch werden von Zeit zu Zeit auch die Hundeführer als Zeugen befragt. Das ist anders als in den USA, dort wird zumindest der Bloodhound unter bestimmten Voraussetzungen als Beweismittel in einigen Bundesstaaten vor Gericht anerkannt.

Komplexität der Einsätze: „Theorie und Praxis"

Bei allen nachweislichen Erfolgen und der unumstrittenen tollen Nasenleistung der Hunde gibt es keine Garantie auf eine Lösung des Falls. Manchmal läuft es richtig gut und man kann recht schnell eine Aussage treffen, häufig ist es schwierig, aber dennoch lösbar, und ab und zu führen alle Bemühungen zu keiner Erkenntnis, die zumindest für den Moment weiterhilft. Jeder Einsatz entwickelt sich anders als der vorherige und jeder ist auf seine Art komplex, dennoch kommt es vor, dass man aus einem vorherigen Einsatz Parallelen zu einem anderen Fall erkennt und seine Taktik nach den Erfahrungswerten ausrichten kann. Es ist bei einer Vermissung beispielsweise prinzipiell immer alles möglich. Die gesuchte Person kann noch leben oder tot sein, mit dem Auto oder den öffentlichen Verkehrsmitteln weggefahren sein, sich in einem anderen Gebäude verstecken, sich noch in dem eigenen Wohnhaus befinden oder unterwegs zu Schaden gekommen sein. Hund und Mensch werden von Mal zu Mal vor neue und manchmal für den Hund auch unlösbare Aufgaben gestellt. Das kann durchaus auch mal recht frustrierend sein und beschäftigt die Teams vor allem aus der Vermissung/Rettung hin und wieder über mehrere Tage und Nächte. Man kann Hund und Hundeführer bis zu einem gewissen Grad auf die Tätigkeit als Mantrailer im Einsatz vorbereiten. Die nötige Erfahrung kommt allerdings erst durch die Einsätze selbst. Manche Fälle sind recht schnell lösbar, andere nur in Kombination mit der richtigen Taktik, einige klären sich erst viel später auf. Da passieren manchmal Dinge, mit denen man überhaupt nicht gerechnet hat. Einiges wiederholt sich dennoch, vieles kommt nur einmalig vor, manches ähnelt sich in irgendeiner Form. Die Ausbildung der Personenspürhunde im Training schöpft aus dem Fundus der über die Jahre gesammelten Fälle und deren Gegebenheiten im Bereich Vermissung und Forensik.

Vorbereitung auf Einsatzszenarien

In diesem Buch haben wir einige Fälle der letzten Jahre beschrieben, um anschauliche Beispiele zu geben, warum im Training so viel Wert auf Abwechslung gelegt wird. Die Fälle sind so ausgesucht, dass eine möglichst große Bandbreite abgedeckt wird. Die Einsätze haben tatsächlich stattgefunden, die Hunde tatsächlich das gezeigt, was beschrieben ist. Einsatztaktische Faktoren, die Gegebenheiten bezüglich der Auswahl der Referenzgerüche, Alter der Spuren, Kontamination … wurden nicht verändert. Aus Gründen des Datenschutzes wurden allerdings die Namen, Orte und das Alter der Personen verändert. Zudem sind inhaltliche Details zur Beschreibung und Aussagen der Personen teilweise fiktiv. Aus jedem beschriebenen Fall lassen sich einsatztaktische Besonderheiten und Trainingstipps ziehen. Dabei geht es darum, den einsatzfähigen Personensuchhund und auch seinen Hundeführer im Training auf die verschiedensten Einsatzszenarien vorzubereiten. Flexibilität, eine gewisse Umstellungsbereitschaft und hohe Frusttoleranz ist von Vorteil. Somit bekommen die Hundeführer nicht nur „theoretische Formeln" an die Hand, sondern auch gezeigt, für was diese im echten Einsatzleben benötigt werden. Angewandtes Trailen wird anschaulich beschrieben, damit sich einsatzfähige Teams das herausnehmen können, was sie benötigen. Vielleicht ist ja etwas dabei, an das sie sich erinnern und im nächsten Einsatz einen Nutzen daraus ziehen können. In den vorbereitenden Trainings wird vor allem bei der Auswahl und Beschaffenheit des Geruchsartikels am Start, der Startsituation, den verschiedenen Zeiten der Spur unterwegs (gestern, heute, chronologisch, Zeitsprünge, nicht chronologisch) und den unzähligen Möglichkeiten der Auffindesituation bzw. Eingrenzung einer vermissten bzw. Zielperson am Ende des Trails variiert. Meist sind wie beim Fliegen der „Start" und die „Landung" der Teil, bei dem am häufigsten etwas schiefgehen kann, wenn man nicht auf ein paar wichtige

Aspekte eingeht. Der Trail an sich stellt für den Hund in den seltensten Fällen ein Problem dar. Er muss zwar unterwegs häufig auch richtig arbeiten und dies manchmal über ein bis zwei Stunden und mehrere Kilometer hinweg, ist aber eine durchgängige und chronologische Spur vorhanden, wird diese in der Regel vom Hund gern und zuverlässig gearbeitet. Da wird zwischen älterer und frischerer Spur unterschieden (beispielsweise war die Zielperson am Abend zuvor beim Joggen im Wald, am Vormittag Brot holen beim Bäcker, mittags auf dem Weg zur Bushaltestelle ...) und die Spuren und Gerüche anderer Personen ausgeschlossen (beispielsweise in der Innenstadt, wenn viele Leute oder sogar Angehörige frisch über die Spur laufen). Hat der Hund sich erfolgreich den Weg gebahnt, ist am Ende der Spur so gut wie alles möglich. Die Zielperson kann mit einem Auto oder den öffentlichen Verkehrsmitteln weggefahren sein, dann zeigt der Suchhund in der Regel ein Negativ an, d. h., die Spur endet für ihn an der Stelle, an der die Person in das Transportmittel eingestiegen ist (beispielsweise an der Bushaltestelle). Der Hundeführer sollte möglichst gelassen bleiben und auch bei Stress den Überblick behalten. Zudem ist eine gute Kondition von Vorteil, vor allem wenn die Kapazität der Mantrailer beim Einsatz auf ein bis zwei Hunde begrenzt ist. Das Buch gibt zudem Hinweise darauf, was unter bestimmten Bedingungen alles möglich ist und wo auch ein gut ausgebildeter Personenspürhund an seine Grenzen stößt.

Forensik Grenzbereich „Cartrailer"

Einer der Grenzbereiche ist das Verfolgen der Autorspur („Cartrailing"), das vor allem bei Forensikeinsätzen hilfreich sein kann (Fluchtrichtung des Täters). Ist die Person mit dem eigenen Auto weggefahren, kann der PSH, wenn er sich als Cartrailer eignet und dafür ausgebildet wurde, zumindest eine ganze Weile lang die Spur des Autos weiterverfolgen. Hierzu benötigt es einen Hund, der sehr feinnasig geschult ist und hartnäckig auch noch wenig Geruch verfolgt. An und im Auto befindet sich Individualgeruch (Anfassen der Türen, Sitzen im Auto => Transport nach außen über die Lüftung). Vor allem Buttersäure (siehe Info) kann vom Hund sehr gut und noch lange wahrgenommen werden. Diese kurzkettige Säure ist durch ihr geringes Gewicht in der Lage, schnell in die Luft aufzusteigen und über die Lüftung nach außen zu gelangen, wo sie dem Spürhund in die Nase steigt, der beispielsweise die genetische Codierung entschlüsselt. Dessen Riechschwelle liegt durch die hohe Anzahl an Rezeptorzellen weit unter der des Menschen. Einige Cartrailer können unter bestimmten Umständen die Zielperson (ZP) zumindest eine kürzere Strecke sogar in einem Fremdauto verfolgen.

Buttersäure

Beispiel aus einem Vortrag von Ingo Rechenberg: ehemalige Cargolifterhalle (jetzt „Tropical Island“) mit den Maßen 360 Meter lang, 210 Meter breit, 107 Meter hoch macht ein Volumen von 5,5 Millionen m^3. 1,6 Millionstel Gramm Buttersäure kann ein Hund in der Halle noch riechen (= 2000 Moleküle pro cm^3). Winzige Spuren eines Duftstoffes genügen dem Hund, um Witterung aufzunehmen. Der Duftstoff dockt in seiner Nase an einer Riechzelle an und aktiviert somit einen Rezeptor. Der Duftstoff als ursprünglich chemisches Signal wird durch weitere Prozesse im Inneren der Zelle (beispielsweise Eiweißmolekülspaltung) während seiner Umwandlung in ein elektrisches Signal bei Ankunft im Gehirn kaskadenförmig verstärkt.

Ingo Rechenberg ist einer der Mitbegründer des Einsatzes von evolutionsbiologischen Algorithmen in den Ingenieurwissenschaften. Er ist seit 1972 Professor für Bionik an der Technischen Universität Berlin.

Bei einem parkenden Auto sieht man die Hunde häufig am Türgriff und den Autoreifen beziehungsweise den Zwischenräumen darüber riechen. Ob der Hund einem Auto nachtrailen kann, wird von einigen Hundeführern noch diskutiert. Dazu muss man sagen, dass das nicht jeder Hund anbietet, sich nicht jeder Trailer dafür eignet und es zudem auch trainiert werden muss. Unsere Erfahrungen haben gezeigt, dass vor allem Suchhundetypen der Mischtypen Gewissenhaft/Ehrgeizig, Gelassen/Ehrgeizig und Kombinierer/Ehrgeizig dafür geeignet sind. Viele Hundeführer wollen auch gar nicht, dass ihr Trailer das macht. Der Hund soll zeigen, wenn die Person an einer Stelle in ein Transportmittel eingestiegen ist, und ein Negativ durch Ausschließen aller Richtungen oder durch eine Anzeigeform deutlich machen. Im Bereich der Forensik ist es allerdings häufig von Vorteil, wenigstens einen ausgebildeten Cartrailer zur Hand zu haben, um die Spur des Täters bei Bedarf weiterverfolgen zu können. Die Fluchtrichtung des Täters ist für die Polizei häufig ein wichtiger Hinweis.

Der „Doppeltrail" – Wenn aus einer Vermissung ein Forensikeinsatz wird

Die Riechleistung der Hunde ist enorm und sie erstaunen uns mit ihren Fähigkeiten selbst nach Jahren immer wieder aufs Neue. Generell benötigt man für den Einsatz in der Forensik einen feinnasigen und sehr genau arbeitenden Hund, dem möglichst wenig Geruch zum Arbeiten ausreicht. Denn hier hat der (unbekannte) Täter häufig einen Gegenstand, der dem Hund später als Referenzgeruch dienen soll, nur kurzzeitig angefasst. Was die Hunde hierbei genau verfolgen, ist nach wie vor nicht geklärt. Diverse Geruchstheorien und die verallgemeinerte Beschreibung der „verlorenen Hautschuppen" oder „Rafts" können, wenn sie in diesem Umfang vorhanden sind, ein Bestandteil sein, wahrscheinlich reichen dem Hund allerdings bereits geringste codierte Moleküle aus. Einsatzberichte aus dem Bereich der Forensik können für den Hundeführer, der ausschließlich Einsätze aus dem Bereich der klassischen Vermissung bestreitet, erst einmal recht befremdlich klingen, und es machen sich schnell Zweifel breit, ob so etwas wirklich möglich ist. Uns ist es dabei nicht anders ergangen, da wir viele Jahre fast ausschließlich Rettungseinsätze gelaufen sind. Nach mehreren von der Polizei als erfolgreich bestätigten Forensikeinsätzen muss man allerdings spätestens umdenken, was Referenzgerüche, Alter der Spur und die Feinnasigkeit der Personenspürhunde betrifft. Regelmäßig sind bei diesen Einsätzen Hunde unabhängig voneinander gelaufen und es gab keinen Verdächtigen. Das heißt, auch der begleitende Polizeibeamte hatte keine Ahnung, wohin die Spur führen würde (wenn überhaupt eine vorhanden war). Der PSH geht bei Forensikeinsätzen nicht immer chronologisch vor, sondern arbeitet häufig die olfaktorischen Auffälligkeiten heraus und zeigt diese an. Dies ist meist eine Ansammlung von Geruch – „Pool" – (hier liegt die Tatwaffe im Gebüsch, oder in dieser Wohnung hat sich der Täter aufgehalten, jene Türklinke hat er angefasst etc.), oder ein Break durch das Einsteigen in ein Transportmittel. Dadurch kreist der PSH häufig etwas ein, zeigt an oder arbeitet sich zurück. Nicht selten enden Spuren im Wohngebiet des Täters, in dem er sich in den folgenden Stunden oder Tagen auch noch frisch darüber bewegt und somit Zeitsprünge erzeugt. Die Einsätze im Bereich der Rettung und Forensik unterscheiden sich in einigen Dingen, und es gibt Suchhundetypen, die besonders für die eine oder die andere Sparte geeignet sind. Zudem gibt es einige „Allrounder", die beides können, es zumindest schaffen, den Bereich Rettung komplett und einige Gebiete in der Forensik abzudecken. Bei einem Rettungseinsatz (klassische Vermissung) ist die Identität der vermissten Person bekannt, der Hund startet meist im Wohngebiet der VP, muss sich aus den älteren Spuren („Gehpool“) den frischesten Abgang suchen und kann nach dem immer frischer werdenden Geruch gehen, da die vermisste Person sich am Ende des Trails in der Regel nicht mehr frisch darüber bewegt, denn entweder ist sie in ein Transportmittel eingestiegen (Break) oder zu Schaden gekommen und bleibt somit an Ort und Stelle („Stehpool“). Dadurch verläuft diese Suche in der Regel linear und die erste angezeigte Richtung ist meist die richtige. Da häufig in der Wohnung oder dem Zimmer (z. B. Seniorenheim, Krankenhaus, Psychiatrie) der Person gestartet wird, kann man als Referenzgeruch getragene Kleidungsstücke organisieren, die auch dementsprechend geruchsintensiver sind. Die Feinnasigkeit eines Personenspürhundes resultiert einerseits aus der Veranlagung des Hundes (Suchhundetyp), wie motiviert und hartnäckig er arbeitet, seinem Riechpotenzial (Anzahl Riechzellen) und andererseits aus dem, was ihm im Training beigebracht wurde (spezifisches Training). Mit wenig Geruch auszukommen, sollte von klein auf trainiert werden. Nichts langweilt einen erfahrenen Suchhund mehr, als die andauernd präsentierte Socke in der Tüte als Referenzgeruch und One-Way-Trails von A nach B.

Einen klassischen Vermisstentrail kann man sich gegenüber eines klassischen Forensiktrails gespiegelt vorstellen (siehe Illustration, Farbtafel 10). Hierbei beginnt der Einsatz mit einer regulären Vermissung. Die Identität der vermisst gemeldeten Person ist demnach bekannt. Die Personenspürhunde verfolgen die Spur einer vermissten Person und führen, wenn diese nicht weggefahren wurde, zum Tatort. Von dort kann, nachdem die Spurensicherung den Tatort freigegeben hat und Spuren des Täters gefunden wurden (Fußabdruck, Spuren an der vermissten Person o. Ä.), die Spur des Täters aufgenommen werden.

Beispiel eines Doppeltrails

Trail 1 (Vermissung): Eine Frau ist nachmittags von zu Hause zum Joggen aufgebrochen und war bis zum Abendessen nicht zurück. Der Ehemann meldet sie vermisst. Der Trailer startet in der Nacht am Wohnhaus der VP und nimmt den frischesten Abgang aus dem Wohnpool. Referenzgeruch ist ein getragenes T-Shirt der VP. Die Spur führt in ein kleines Waldgebiet und endet dort (chronologisch). Dort wird die Frau nach einem Überfall verletzt aufgefunden.

Trail 2 (Forensik): Der Täter hat bei seinem Überfall die Frau am Arm gepackt und somit ihre Joggingjacke angefasst. Diese dient als Referenzgeruch (bzw. Geruchskopien davon). Der Personenspürhund trailt in die Fluchtrichtung des Täters los und riecht intensiv in ein Gebüsch. Dort wird ein Messer gefunden, das als Tatwaffe identifiziert wird. Der Hund läuft weiter zu einem Parkplatz und von dort zu einem Hochhaus. Je länger der Abstand zwischen der Tatzeit und der Suche des PSH ist, desto unchronologischer ist der Trail gegen Ende, da sich der Täter in seinem Wohngebiet frischer über den Trail bewegt.

Einsatz von Personenspürhunden in der Forensik

Fragen an Susanna Simon, seit sechs Jahren hauptberuflich Hundeführerin eines Forensik-Personenspürhundes.

1. Für wie sinnvoll halten Sie den Einsatz von Personenspürhunden (PSH) bei der Aufklärung von Strafsachen?

„Ich halte den Einsatz von PSH in der Ermittlung von Straftätern und im Rekonstruktionsbereich für sehr sinnvoll, da die Hunde in vielen Fällen als richtungsweisend wirken, Tatzusammenhänge herstellen und in einigen Fällen sogar den entscheidenden Hinweis liefern können. Auch zur Beantwortung, ob ein möglicher Täter tatsächlich vor Ort war, ist der PSH hilfreich, sofern er ein zuverlässiges Negativ zeigt, wenn der Verdächtige nicht am Tatort war. Da die Hunde häufig eingesetzt werden, wenn es noch keine Hinweise gibt und andere Ermittlungsmethoden erfolglos blieben, ist es jedes Mal ein großer Erfolg, wenn der PSH durch seine Arbeit eine richtungsweisende ‚Aussage' machen kann."

2. *Sie dokumentieren Ihre Einsätze und erstellen eine Statistik. In wie viel Prozent der Fälle, in denen ein PSH von Ihnen eingesetzt wurde, war dieser der Polizei bei der Aufklärung nachweislich hilfreich?*
„Laut unserer Statistik ist der PSH in ungefähr 80 % der Fälle hilfreich gewesen."

3. *Hatten Sie bei den Einsätzen häufig bereits so viele Informationen über den Täter und die Örtlichkeit, dass Sie den Hund bei der Arbeit hätten beeinflussen können, oder sind Sie und das PSH-Team in der Regel nicht wissend, also „blind" gelaufen?*
„Wir laufen nicht wissend. Wie oben bereits dargestellt, kommen unsere Hunde häufig gerade dann zum Einsatz, wenn es noch keine Ermittlungsergebnisse gibt und/oder die Öffentlichkeitsarbeit bisher ohne Ergebnis war. Geht es um die Frage, ob ein möglicher Täter vor Ort war, bestände natürlich theoretisch die Möglichkeit der Beeinflussung. Wir bleiben immer so neutral wie möglich. So „entlastete" mein Hund beispielsweise mit seiner Negativanzeige einen vorbestraften Sexualstraftäter von dem Verdacht, eine weitere Vergewaltigung begangen zu haben. Nach Festnahme des wahren Täters stellte

sich Archies Aussage als 100 % richtig heraus. Es gab keinen Bezug zum tatsächlichen Täter. Gibt es Situationen, in denen es Vorabinformationen geben muss, weil es sich z. B. um einen besonders gewaltbereiten oder bewaffneten Täter handelt, halten wir diese so gering wie möglich, um eben auch die Beeinflussung so gering wie möglich zu halten. Neutrales Trailen wird bei uns von Anfang an trainiert."

4. Gab es auch Fälle, bei denen der Hund nicht nur unterstützend war, sondern den entscheidenden Hinweis gegeben hat?
„Ja, diese Fälle gibt es. Wir hatten Fälle, in denen vorab alle anderen Ermittlungsmethoden erfolglos blieben. Dann wurde ein Versuch mit dem PSH gestartet, und dieser lief z. B. in den Arbeitsbereich des Täters und zeigte dort einen Poolbereich an. In einem anderen Fall lief er in eine Drogenambulanz, die von dem Täter täglich frequentiert wurde. Ebenso hatten wir einen Fall, in dem der PSH nach einem schweren Raub sehr zeitnah angesetzt wurde und eine Wohnanschrift anlief. Dank einer Richterin, die diesem Ergebnis einen hohen Wert beimaß, bekam die Polizei einen Durchsuchungsbeschluss und konnte in dieser Wohnung die Täterkleidung sicherstellen. Es gab auch Fälle, in denen der PSH den entscheidenden Hinweis geliefert hat, wir dem Hund aber nicht geglaubt haben, weil wir es einfach nicht für möglich hielten, da z. B. die Wohnanschrift, die der PSH anlief, in unmittelbarer Nähe zur Wohnung der Geschädigten lag. Nach Festnahme der Täter stellte sich heraus, dass der Hund mit seiner Anzeige genau richtig lag. Gerade diese Einsätze haben uns viel gelehrt, nämlich dem Hund zu vertrauen, egal wie unwahrscheinlich das Ergebnis zunächst einmal wirkt. Wenn etwas in unseren Augen nicht funktioniert hat, gab es später meist auch die Erklärung, warum. Da wurde dann der Referenzgeruch beispielsweise von einer weiteren Person angefasst, von der wir zur Zeit der Suche mit dem PSH noch nichts wussten usw. Natürlich sind die PSH und auch die

Hundeführer theoretisch nicht unfehlbar, allerdings liefern sie in der Praxis sehr häufig mehr als ordentlich ab."

5. Welche Arten von Referenzgerüchen wurden dabei von Ihnen bisher erfolgreich eingesetzt?
„Ach, da gibt es viele. Alles, was irgendwie vom Täter berührt wurde:

- Steine
- Duplikate von Schuhabdrücken
- Papierschnipsel
- Patronenhülse und Duplikat von Patronenhülse
- Reste eines Brandsatzes
- Duplikat von Schraubendreher
- Duplikat von aufgeschnittenem Fliegengitter
- Duplikat von Fensterrahmen, durch den Täter eingestiegen sind
- von Täter angefasstes Handy der Geschädigten
- von Täter mit Handschuhen angefasste Kassenlade
- Duplikat von Autolenkrad
- Duplikat von Autositz
- Kabelbinder

Es ist nahezu unmöglich, keinen Geruch zu hinterlassen."

6. Wo stößt auch ein Forensikhund Ihrer Erfahrung nach an seine Grenzen? Beispiele
„Der Forensikhund stößt sicherlich an seine Grenzen, wenn der Täter in ein Fremdauto, z. B. Taxi oder Auto eines Bekannten steigt. Keinem unserer Hunde gelang es, an diesem Punkt noch eine Spur sicher zu verfolgen. Ebenso stellen Autobahnen und andere stark und schnell befahrene Straßen für uns eine Grenze dar. Was die Referenzgerüche angeht, haben wir bisher noch kein Limit erreicht, außer sie wurden frisch kontaminiert und diese Person befand sich nicht am Startpunkt des PSH. Es fällt den Hunden allerdings mit schwierigen

Geruchsartikeln deutlich schwerer zu arbeiten. Sie sind schneller erschöpft und tun sich einfach viel schwerer als mit guten unkontaminierten Geruchsartikeln, von denen sie sehr viel mehr Informationen über die zu suchende Person aufnehmen können. Schwieriger Geruchsartikel bedeutet häufig stark kontaminiert oder vom Material her ungünstig oder vom Täter nur sehr kurz berührt. Schlecht lösbar wird es für den Forensikhund eben dann, wenn nicht klar ist, wer den Geruchsartikel alles berührt hat. Dann sind möglicherweise nicht alle Personen, die den GA berührt haben am Start, und der Hund trailt eventuell eine Person, die mit der Tat gar nichts zu tun hat. Vorausgesetzt, dieser Mensch war auch irgendwann einmal am Tatort. Dies ist bereits mit einem Feuerzeug als GA vorgekommen."

7. Gibt es Unterschiede in der Ausbildung der Hunde im Bereich Rettung/Forensik?
„In der Ausbildung versuchen wir möglichst viele Dinge zu trainieren, die uns in den Einsätzen begegnen können. Das ist bei den Rettungshunden nicht anders. Die Schwerpunkte sind in den beiden Sparten nur anders verteilt, das Prinzip ist aber dasselbe. Mit dem Forensiktrailer trainieren wir eben viel auf Feinnasigkeit, damit der Hund mit wenig Geruch auskommt, da er in der Forensikarbeit häufig mit kontaminierten Geruchsartikeln arbeiten muss und auch mit Kopien unterschiedlichster Materialien, die kaum berührt oder vom Täter nur mit Handschuhen angefasst wurden. Zudem trainieren wir häufig Zeitsprünge auf dem Trail und eine möglichst genaue Haus- oder Türanzeige am Ende der Spur. Wie die Rettungshunde möchten auch wir gern, dass der Hund, wenn frischere Spuren der VP über den Trail laufen, diese annimmt. Sehr ablenkungsreiche Gegenden (Innenstadt, stark befahrene und begangene Gegenden) müssen trainiert werden, da Straftaten überall passieren. Negativs in jeglicher Form und Cartrails mit einem geeigneten Hund gehören

zum Handwerkszeug ebenso dazu. Den fertig ausgebildeten Forensikhund versuchen wir in den Trainings motiviert zu halten, da die große Zahl an Einsätzen eine hohe Frustrationstoleranz vom Hund abverlangt. Es geht ja nicht häufig darum, eine Person zu finden, sondern Wege zu rekonstruieren, Wohnanschriften anzuzeigen etc."

8. Wie würden Sie Ihre Arbeit beschreiben?
„Die Arbeit des Personenspürhundes umfasst ein relativ weites Spektrum bzw. es gibt verschiedene Aufgaben und Fragestellungen:

Zunächst stellt sich relativ häufig die Frage, ob ein Beschuldigter überhaupt vor Ort war. Schließt der Hund dies deutlich aus, gilt das natürlich nicht als Beweis und komplette Entlastung des Beschuldigten, oft wird dann aber doch auch weiter in andere Richtungen weiterermittelt. Handelt es sich nur um einen Verdacht, wird diesem dann zunächst einmal nicht weiter nachgegangen. So geschehen in diversen Vergewaltigungsfällen, wo als Schnellmaßnahme ein paar der „üblichen Verdächtigen" auf diese Weise überprüft worden sind.

Ebenso verhält es sich mit Geschädigten, die z. B. aufgrund von Verletzungen nicht aussagen können. Auch hier gibt es immer wieder die Aufgabe, Hinweisen nachzugehen, zu überprüfen, ob die Person vor Ort war.

Ebenso häufig gilt es, Bewegungsbilder vom Täter zu erstellen. Häufig ist hier noch ein Aufenthaltsort bekannt (klassischerweise: Kneipe). Dort wird dann der Hund angesetzt, um den Weg zu verfolgen, den der Betreffende gegangen ist, um den möglichen Tatort besser eingrenzen zu können. Besonders dann, wenn es absolut keine Anfasser gibt, können die Hunde hier sehr hilfreich sein.
Dann kommt der Bereich der Beschreibung des Fluchtweges. Dies stellt sicherlich den Schwerpunkt der Arbeit dar und der Hund führt im Optimalfall in den Wohnbereich oder Lebensmittelpunktbereich des Täters. Immer zu bedenken sind hier natürlich die Grenzen und

Möglichkeiten der Hunde. Wie bereits gesagt, zeigen alle unsere Hunde ein Negativ, sobald die zu suchende Person in ein Fremdauto gestiegen ist oder wenn die Straßen zu groß werden (Autobahnen: zu viele Autos zu schnell, Flächen rechts und links zu offen). Hier muss man in jedem Fall individuell entscheiden, wo und wie man die Hunde weiter einsetzen kann, um ein bestmögliches Ergebnis zu erzielen."

9. Ist es denn sinnvoll, mehrere Hunde für einen Fall einzusetzen?
„Definitiv ist dies sinnvoll und wird von uns in der Praxis auch regelmäßig praktiziert.

Unsere Hunde haben alle unterschiedliche Stärken und Schwächen und werden dementsprechend für jeden Einsatz je nach Aufgabenstellung und Umgebung individuell ausgewählt. Natürlich gibt es auch in der Forensik „normale" Einsätze, bei denen man jeden einsatzfähigen Trailer einsetzen kann. Häufig sind aber auch die Spezialisten gefragt. Geht es zum Beispiel darum, zu überprüfen, ob der Täter mit einem Auto geflohen ist, macht es sicherlich Sinn, einen Hund anzusetzen, der, sobald dies der Fall ist, ein sehr klares Negativ zeigt und somit auch deutlich die Stelle aufzeigt, wo das Auto stand.

Geht es darum, Dinge genau auszuarbeiten, nehmen wir gern einen sehr gewissenhaften Hund, der sich den Spurverlauf ganz genau anschaut und jeden Pool unter die Lupe nimmt. Dessen Stärke ist es nicht, schnell Strecke zu machen und zu finden, sondern die „Geschichte" des Trails zu erzählen. In dieses Gebäude ist der Täter noch hineingegangen, dort im Gebüsch hat er noch etwas versteckt, hier hat er länger gewartet etc. Geht es aber andererseits darum, eine Fluchtrichtung schnell aufzuzeigen oder zu bestätigen, wählen wir einen schneller arbeitenden Hund, der auch mal die Nase hochnimmt und schnell eine Himmelsrichtung anzeigt. Hierbei ist es wichtig, die Stärken, Schwächen und die unterschiedlichen Arbeitsweisen der Hunde genau zu kennen. Für Indooreinsätze sind auch einige Hunde besonders gut geeignet und werden von uns speziell in diesen Bereichen trainiert und eingesetzt. Der Indoor-Spezialist wird von Welpe an zu 70% in Gebäuden ausgebildet.

Außerdem ist es natürlich auch sinnvoll, mehrere Hunde einzusetzen, um sich gegenseitig zu überprüfen, bestimmte auffällige Bereiche mit einem weiteren Hund zu arbeiten oder einen erschöpften Hund rechtzeitig auszuwechseln. Je nach Anzahl der Einsätze macht dies Sinn, um den Hund nicht innerhalb von ein paar Jahren zu verheizen."

Referenzgerüche in der Forensik

Häufig vorkommende Referenzgerüche sind hierbei die Kopie der abgefeuerten Patronen(-hülse), die Supermarktkasse, wenn sie vom Täter berührt wurde, der Bankautomat oder ein Kleidungsstück einer geschädigten Person, das vom Täter kontaminiert wurde. Wie kann es sein, dass der Hund beispielsweise an (der Kopie) einer Patronenhülse Geruch aufnehmen kann? Es klingt nahezu unvorstellbar, ist aber nachweislich möglich. Eine große Rolle spielen dabei Fette, Proteine und Salze auf der Haut der Fingerkuppen.

Wie nachhaltig ein Fingerabdruck mittlerweile selbst für den Menschen sein kann, zeigen Forschungsergebnisse von Dr. John Bond, Forensikexperte bei der Polizei der Grafschaft Northamptonshire und an der Universität Leicester.

Fingerabdruck

Englische Forscher haben eine neue Fingerabdrucktechnik entwickelt, die vor allem Feuerteufeln und Schützen zum Verhängnis werden könnte. Dabei werden feine Korrosionsspuren sichtbar gemacht, die der Schweiß auf einem Metallobjekt hinterlassen hat und die dann durch große Hitze konserviert worden sind. (Fingerabdrücke sind ein Stempelbild der feinen Papillarleisten, als „Farbe“ fungiert ein Gemenge von Schweiß und Fetten.)

„Derartige Spuren ließen sich beispielsweise an leeren Patronenhülsen nachweisen“, erklärt John Bond. „Wir können nun erstmals Fingerabdrücke von Personen sichtbar machen, die eine Patrone vor dem Abfeuern angefasst haben. Möglich wird der späte Nachweis durch im Schweiß enthaltene Salze. Diese lösen eine minimale Korrosion an der Metalloberfläche aus und zeichnen so ein chemisches Abbild der feinen Hautleisten, das durch Erhitzen förmlich in das Metall eingebrannt wird.“ Bond und Kollegen machen dieses Muster sichtbar, indem sie das Metallobjekt elektrisch aufladen und dann mit feinem, leitfähigen Puder bestäuben: Dieser lagert sich bevorzugt an den korrodierten Stellen an.

„Abwischen oder Spülen mit heißer Seifenlauge macht da keinen Unterschied“, so Bond weiter. Die einzige Möglichkeit, das eingebrannte Muster wieder zu entfernen, sei das nachträgliche Abschleifen der Metalloberfläche. Dank dieser bemerkenswerten Beständigkeit könnten nun Fälle neu aufgerollt werden, die man vor Jahrzehnten zu den Akten gelegt habe, hofft der Forscher.

(John W. Bond, Scientific Support Unit, Northamptonshire Police, Northampton, und Forensic Research Centre, University of Leicester. Online-Veröffentlichung Journal of Forensic Sciences, DOI 10.1111/j.1556-4029.2008.00738.x)

Soll man Geruchsartikel mit Handschuhen anfassen?

Ja und nein. Auch an Handschuhen befindet sich für den Hund erkennbarer Geruch, man hinterlässt nur keine Fingerabdrücke. Der anhaftende Geruch rührt daher, dass die Handschuhe zuvor irgendwo gelagert wurden, beispielsweise im Auto oder der Wohnung der Person, welche die Geruchsartikel sichert, und somit bereits deren Geruch angenommen haben. Selbst durch die Verpackung hindurch dringt Geruch. Handschuhe, die im Rettungsdienst oder in der Ersten Hilfe verwendet werden, sind meist unsteril und vorwiegend zum Selbstschutz gedacht. So auch die Einmalhandschuhe nach DIN EN 455-1 und DIN EN 455-2, die im Kraftfahrzeug-Verbandkasten mitgeführt werden müssen. Die Durchdringzeit hängt von der Materialbeschaffenheit, aber auch von der Materialdicke ab, die bei Einmalhandschuhen in der Regel nicht sehr groß ist. Zudem werden die Handschuhe zunächst von der Person angezogen, Geruch gelangt so von innen und außen an die Handschuhe, da sich gerade an den Handflächen mit die höchste Dichte von merokrinen (ekkrinen) Schweißdrüsen befindet. Auch wenn diese primär zur Wärmeregulierung dienen und die apokrinen Schweißdrüsen vermehrt für die Entstehung von Körpergeruch verantwortlich gemacht werden, arbeiten merokrine Schweißdrüsen wie Mininieren, sodass der Handflächenschweiß neben Kochsalz auch Harnstoff, Immunglobuline und flüchtige Fettsäuren enthält. Man müsste sich also zwei Paar Handschuhe anziehen, somit hätte man das zweite Paar nicht unmittelbar angefasst. Dennoch atmet und transpiriert die Person während der Geruchsartikelabnahme und verströmt aus allen Körperöffnungen und Poren ihren Geruch, der sich an die Geruchsartikel der Vermissten Person haften kann. Es ist deshalb ratsam, dass derjenige, der die Geruchsartikel der vermissten Person sichert, sich anschließend nicht vom Startpunkt wegbewegt, solange Mantrailerhunde noch von dort aus starten. Vor allem wenn die Geruchsartikelabnahme in einem geschlossenen Raum stattfindet, beispielsweise der Wohnung des Vermissten, ist die Gefahr der Kontamination hoch. Bewegt sich nun derjenige, der die Geruchsartikel gesichert und somit – wenn auch nur leicht – kontaminiert hat, vom Startpunkt weg, legt er eine frische Spur. Läuft er nun in eine andere Richtung, als die Spur der vermissten Person führt, oder ist die vermisste Person vom Startpunkt aus mit dem Auto weggefahren oder war vielleicht gar nicht dort, wird der Personenspürhund eventuell dem frischesten Individualgeruch (vgl. Forensik) von dem Geruchsartikel bzw. der einzigen wegführenden Spur und somit der falschen Person folgen. Eine richtige Aussage zu machen, wird dem Hundeführer somit deutlich erschwert. Eigentlich reicht es schon aus, sich einfach nur leicht über einen Geruchsartikel zu beugen. Vor allem, wenn die Geruchsartikelabnahme in einem geschlossenen Raum stattfindet, beispielsweise der Wohnung des Vermissten, ist die Gefahr der Kontamination hoch. Es macht Sinn, Handschuhe bei der Geruchsartikelabnahme zu tragen, wenn mehr als ein Trailer laufen soll, um die Kontaminierung möglichst gering zu halten. Zudem ist es am besten, die Tüten, in denen die Referenzgerüche transportiert werden, bei der Entnahme umzudrehen. Dennoch sollte sich derjenige, der die Artikel sichert, am Start befinden, um ausgeschlossen zu werden. Zur Messung der Geruchsintensität hat der dänische Ingenieur P. O. Fanger 1988 ein sensorisches Verfahren entwickelt, mit dem man eine Standardgeruchsintensität eines durchschnittlich großen Menschen mit normal arbeitenden Schweißdrüsen, bei einer sitzenden Tätigkeit, frischer Unterwäsche und 0,7-mal Duschen pro Tag ermitteln kann. Nach der Definition besitzt solch ein „Durchschnittsgeruchsmensch" die Geruchsquellstärke 1 Olf als Maßeinheit für eine olfaktorische Verunreinigung. Die olfaktorische Wahrnehmung bezeichnet die Wahrnehmung von Gerüchen. (Legrum, Wolfgang (2011): Riechstoffe, zwischen Gestank und Duft.)

DNA-Profil

Versuche zeigten, dass die winzige Menge Speicheltröpfchen, die sich beim Aussprechen eines einzigen, noch dazu kurzen Satzes nicht vermeiden lässt, ein komplettes DNA-Profil liefern kann. Der Spurensicherung genügen schon fünfzig Zellen, um ein DNA-Profil zu erstellen. Eine Winzigkeit, wenn man bedenkt, dass der menschliche Körper aus etwa zehn Billionen Zellen besteht. (Aus: Aspern, Franziska von; Marks, Bodo (2012): Spurensuche – Einblicke in die Arbeit der Rechtsmedizin.)

Was eignet sich als Referenzgeruch?

Nahezu alles, an dem Geruch anhaften kann, weil es kurzzeitig berührt wurde. Hierbei reicht der Kontakt mit einem Kleidungsstück der ZP (Handschuhe o. Ä.). Beispiele von ungewöhnlichen und in Einsätzen erfolgreich angewandten Referenzgerüchen:

› Kleidungsstück einer 2. Person, das von der Zielperson (1.), die gesucht werden soll, nur kurzzeitig angefasst wurde.
› ZP hat dabei Handschuhe getragen.
› Rektalabstrich von einer geschädigten Person, der ein Jahr lang von der Spurensicherung eingelagert war.
› Geldscheine, die mit Handschuhen angefasst wurden.
› Abgefeuerte Patronenhülse, die von der Spurensicherung auf der Straße eingesammelt wurde.
› Ein zuvor angefasstes und anschließend verbranntes Papiertaschentuch bzw. die übrig gebliebenen Aschereste.
› Brandbeschleuniger, zum Teil verbrannt.
› Zaunelemente, die beim Darüberklettern berührt wurden.
› Nabelschnur eines toten Babys.
› Körperflüssigkeiten wie Blut oder Urin etc.

Übungen im Training

Kurzzeitig angefasste Gegenstände wie:

› Unkontaminierte, natürliche Gegenstände wie Stein, Ast, Blätter etc. oder Gegenstände aus Kunststoff, Metall, die zuvor niemand angefasst hat.
› Vor dem Anfassen des Gegenstands (durch die VP) bereits kontaminiert durch andere Personen: Parkbank, Hauswand, Türgriff, Tasse, Werkzeug, Parkscheinautomat, Fahrradsattel, Kleidungsstücke oder Gegenstände aus dem Besitz einer weiteren Person (Autoschlüssel etc.).
› Nach dem Anfassen des Gegenstands durch die VP frisch kontaminierte Kleidungsstücke oder Gegenstände durch eine weitere Person. Person muss am Start anwesend sein, um vom Hund deutlich ausgeschlossen zu werden.
› Nach dem Anfassen verbrannte oder abgefeuerte Geruchsartikel: Papiertaschentuch, Kleidung, Brandbeschleuniger, Patronenhülse.
› Körperflüssigkeiten: Blut, Urin, Spucke, Sperma.

Alter der Spur und Verpacken des GA unterschiedlich:

› Beispiel a) Alter GA, frischere Spur: Tatwaffe als Geruchsartikel. Überfall vor zwei Wochen. Täter wohnt in der Nähe des Tatorts und legt frische Spuren über den Trail vom Tag des Überfalls. Geruch auf Tatwaffe ist bereits zwei Wochen alt, die Spuren sind (werden unterwegs) frischer.
› Beispiel b) Kommt eigentlich nur im Training vor: 24 Stunden alter Trail, VP packt GA erst am Tag der Suche ein; möglichst vermeiden, eventuell Logikfehler beim Hund (selten).
› Schwierig wird es, wenn der Geruchsartikel von einer weiteren Person „frischer“ angefasst wird und diese nicht zum Ausschließen am Start ist, wenn der PSH angesetzt wird.

Riechleistung

„Bei Hunden mit langen Nasen hat die Luft eine längere Kontaktzeit mit dem Riechepithel als in kurznasigen, zusätzlich ist die Anzahl der Riechzellen größer. Ein Schäferhund bringt es auf 220 Millionen, ein Schweißhund, Bloodhound etwa auf 330 Millionen (siehe Illustration, Farbtafel 11). Die Oberfläche des Riechepithels liegt zwischen 75 und 150 cm^2. Damit ist der Hund sogar in der Lage, Spuren von Menschen nicht aufgrund von riechenden Abdrücken auf der Erde zu verfolgen, sondern auch auf versiegelten Flächen."
(Legrum, Wolfgang (2011): Riechstoffe, zwischen Gestank und Duft.)

Der Einsatz von mehreren Trailern

Geht die Spur über mehrere Kilometer, wird die Strecke, wenn man die Kapazitäten hat, häufig aufgeteilt und ein weiterer Hund hinter dem anderen angesetzt. Stehen mehrere einsatzfähige Trailer zur Verfügung, werden nach einer Suchzeit von ein bis zwei Stunden Hund und Hundeführer abgelöst. Dies schont Hund und Hundeführer, was bei einer hohen Einsatzfrequenz (mehrere Einsätze pro Monat) von Vorteil sein kann. Ist nur ein Trailer verfügbar, lässt man diesen Hund durchlaufen und den Einsatz fertig arbeiten. Jeder Hund besitzt seine eigene Suchtechnik seinem Typ entsprechend. Der eine bleibt nah an der Spur und arbeitet diese gewissenhaft (Forensik), der andere kürzt auch mal ein Stück vom Weg ab oder sucht parallel zur eigentlich gelaufenen Spur der Zielperson. Deshalb ist es ratsam, beim Anstückeln ein paar Meter zurückzugehen, von dem Punkt aus, an dem der erste Hund rausgenommen wurde, und den nächsten dort anzusetzen, wo sich der Hundeführer sicher war, noch auf der frischesten Spur zu sein. Ob ein Hund parallel läuft oder sich auf der Spur befindet, ist in der Regel gut erkennbar.

Zudem haben die Hunde auch kein Problem, sich ein Stück auf die Spur hinzuarbeiten, wenn sie doch etwas abseits davon unterwegs angesetzt wurden. Beim Anstückeln ist es wichtig, die eingesetzten Hunde genau zu kennen. Zudem muss der Hundeführer den Trail beschreiben können (Alte Spur, Parallel, Back, etc.). „Geruch ja/nein" reicht als Aussage nicht aus.

Suchhundetypen taktisch eingesetzt

Von den insgesamt sechs Suchhundetypen – Gewissenhafter, Gelassener, Kombinierer, Ehrgeiziger, Stürmer, Sensibler –, die vor allem in der Ausbildung eine große Rolle spielen, damit kein Hund überfordert und mit speziellen Trainingsplänen individuell gefördert wird, spielen im Einsatz vor allem vier Suchhundetypen – und deren Mischtypen – eine wichtige Rolle: der Gewissenhafte, der Kombinierer, der Ehrgeizige und der Gelassene. Der Stürmer und der Sensible sind für den Einsatz nicht geeignet.

Der Gewissenhafte in der Forensik

Dieser „Erbsenzähler" versucht stets spurtreu seine Aufgaben zu lösen. Er spielt vor allem bei Forensikeinsätzen eine große Rolle, da er Wege des Täters und Orte, an denen dieser sich länger aufgehalten hat, genau beschreibt. Somit können beispielsweise Gegenstände entlang der Spur gefunden werden, Laufmuster herausgearbeitet oder Gebäude angezeigt werden, was wichtige Hinweise bei weiteren Ermittlungen geben kann. Es kommt hierbei nicht primär auf ein schnelles Auffinden einer Person an, sondern auf die Genauigkeit bei der Beschreibung einer Spur. Er ist der ideale Trailer in der Stadt und Indoor und tritt gern auch als Mischtyp auf.

Der Gewissenhafte in der Rettung/Vermissung

Auch bei einer Vermissung ist ein Gewissenhafter hilfreich, wenn es um Haus-, Wohnungs- oder Zimmeranzeigen geht, das Herausarbeiten aus einem Krankenhaus oder Seniorenheim oder auch das richtige Gleis auf dem Bahnhof gefunden werden soll. Zudem ist es beim Einsatz mit mehreren Personensuchhunden von Vorteil, einen Gewissenhaften dabeizuhaben, um immer wieder genau zu zeigen, wo die Spur verläuft. Schwerer tut sich der Gewissenhafte häufig, aus Poolsituationen wieder herauszukommen. Er will kein Geruchsteilchen auslassen und buchstabiert minutiös alles ab. Da es bei Vermissungen häufig um Rettungseinsätze und somit das schnelle Auffinden der Person geht, wird schnellerer Starter oder Mischtyp gewählt.

Der Kombinierer in der Forensik

Für die aktive Straftätersuche ist er natürlich deutlich schneller unterwegs als der Gewissenhafte und kann in kurzer Zeit große Strecken überwinden. Er wird gern auf offener Fläche (Felder, Wiesen, Plätze, hügeliges Gelände) eingesetzt.

Der Kombinierer in der Rettung

Da er gern abkürzt, die Nase in den Wind reckt und mit Witterung versus Spur kein Problem hat, macht er schnell Strecke und ist damit in der Rettung wichtig. Er hat kein Problem damit, wenn die Person ein „U" oder einen (Halb-)Kreis gelaufen ist. Er findet beispielsweise schneller, wenn der Person auf dem Rückweg eines Spaziergangs etwas passiert ist. Häufig läuft man beim Spazierengehen einen großen Kreis. Der Gewissenhafte und der Gelassene würden die Spur verfolgen wollen. Je nach Länge des Wegs ist man mit dem PSH erst mal eine Weile unterwegs, das kostet Zeit. Denn hier geht es um effektives Arbeiten, um einen Vermissten vor allem bei sehr niedrigen Temperaturen schnell zu finden und aus seiner Notlage zu befreien. Der Kombinierer würde wahrscheinlich direkt in die Witterung bzw. den Pool laufen und zur Person führen. Mit ihm kann schnell eine grobe Himmelsrichtung ermittelt werden, um Hubschrauber oder Einsatzhundertschaft in bestimmte Waldgebiete oder Gegenden vorzuschicken. Es ist allerdings mit ihm schwieriger, den Ansatzpunkt für den nächsten Personensuchhund zu bestimmen. Durch sein Abkürzungstalent verlässt man häufig die Spur. Wenn man den Kombinierer genau kennt und weiß, wie er Schwierigkeiten arbeitet und wie er mit Witterung umgeht, kann man dennoch Aussagen bezüglich der Spur treffen. Beachtet man dann auch den Wind und die Wettergegebenheiten, kann man sagen, wo die Spur sehr wahrscheinlich verlaufen wird. Setzt man einen Gewissenhaften oder einen Ehrgeizigen hinter einem Kombinierer an, wird sich dieser je nach Entfernung wieder zur Spur hinarbeiten. Für den Ansatz eines Gewissenhaften hinter einem Kombinierer sollte man den Spurverlauf möglichst eingrenzen können, um dem Hund viel Mühe und Kraft zu ersparen, sich dort mühsam hinzuarbeiten. Ist man für den Gewissenhaften zu weit weg von der Spur, wird er eine Negativanzeige machen. So kann man die Spur dann auch wieder genauer eingrenzen.

Neben diesen beiden Suchhundetypen spielen auch noch der Ehrgeizige und der Gelassene eine Rolle, denn oftmals müssen die Hunde Zeugenaussagen überprüfen oder haben mit Negativs, das heißt, die Person ist z. B. mit der Bahn weggefahren, zu tun.

Der Ehrgeizige

Er ist in einer Rettungshundestaffel wichtig, denn er kann mehrmals hintereinander eingesetzt werden, will immer arbeiten und macht gut Strecke. Auch bei Rekonstruktionen ist er wertvoll, denn auch bei mehrmaligem Ansetzen hintereinander ohne Bestätigung am Ende wird er weitermachen. Dieser Hund sollte eine hohe Frustrationstoleranz haben. Um ihn für die nächsten Einsätze „cool" zu halten, sollte bei ihm im Training nachgearbeitet werden, damit er nicht hektisch wird. Ebenso Wert gelegt werden sollte auf das Training der „weichen Negativs". Da er sehr eifrig ist und unbedingt finden will, besteht die Gefahr, dass er kein eindeutiges Negativ anzeigt, wenn darunter noch eine ältere Spur der ZP weiterführt und er noch ein Stück weiterlaufen will. Der Ehrgeizige ist gut in der Stadt, häufig weniger geeignet im Wald. Er tritt gern auch als Mischtyp auf.

Der Gelassene

Er ist häufig ein guter Starter und zeigt auch weiche Negativs sicher an. Für ihn ist es nicht schlimm, dass die Spur einfach aufhört. Da er ein angenehmes Suchtempo hat, kann man mit ihm gut einige Kilometer am Stück trailen. Auch mit offenen Flächen hat er keine Probleme, wird sich allerdings näher an der Spur halten als der Kombinierer.

Das Ende eines Trails

Worauf muss sich der Hundeführer gefasst machen, was kann ihn am Ende des Trails erwarten? Was kann eventuell mit Hund und Hundeführer trainiert werden? Beispiele:

Rettung/Vermissung (Polizei ist immer mit vor Ort)

a) Die vermisste Person wird bestenfalls lebend und in einer den Umständen entsprechend guten Verfassung aufgefunden. Das kommt meist vor, wenn sich die Person verirrt hat oder sonst wie vom Weg abgekommen ist, sich nur leicht verletzt hat und noch nicht sehr lange abgängig ist. Die Sicherung/Bergung findet je nach Umgebung und Auffindesituation statt. Person befindet sich an Ort und Stelle.

Trainingstipp: „(Lebend-)Endpool“

› VP einige Zeit im Versteck (draußen) lassen. Zeit allmählich ausdehnen. Anfangs eine halbe Stunde, in den weiteren Trainings auch mal mehrere Stunden oder im Sommer über Nacht (offenes Zelt möglich).
› VP erhöht verstecken, beispielsweise auf einem Hügel oder Hochsitz, auch bei Wind (Windrichtung beachten). Dadurch weitere Streuung und gegebenenfalls Abrisse. Zeit allmählich ausdehnen.
› VP auf offener Fläche verstecken. Gut geeignet: große Wiese, auf der ein einzelner Baum oder eine Buschgruppe steht. Zeit allmählich ausdehnen.
› Im Endpool starten. VP befindet sich nur wenige Meter vom Startansatz entfernt versteckt. Auch mal ein „U“ legen und somit Witterung vs. Spur provozieren (siehe Illustration Witterung vs. Spur, Farbtafel 11 unten). Zeit allmählich ausdehnen.

b) Die vermisste Person wird verwirrt aufgefunden, beispielsweise bei Demenz oder Drogenmissbrauch. Sie will sich eventuell nicht helfen lassen (Vorsicht bei Aggressivität). Person befindet sich an Ort und Stelle oder läuft umher.

Trainingstipp: „Die bewegte VP“

› VP geht zunächst langsam und vom ankommenden Hund weg, bis Hund sich vor VP stellt, setzt … (je nach trainierter Anzeigeform).
› VP geht auf und ab.

Krankheiten, die Weglauftendenzen induzieren

(Dr. med. univ. Leila Badry, Fachärztin für Psychiatrie und Psychotherapie)

Demenzielle Erkrankungen

Weglauftendenzen bei dementen Patienten können unterschiedliche Ursachen haben. Demenzkranke laufen meist nicht einfach weg, sie verfolgen hierbei ein bestimmtes Ziel. Oft handelt es sich um Routinetätigkeiten aus der Vergangenheit wie nach Hause gehen oder zur Arbeit. Der Grund hierfür ist, dass die Gedächtnisstörung zunächst die kurz zurückliegenden Ereignisse betrifft, das Altgedächtnis bleibt viel länger erhalten. Eine weitere Ursache kann ein gewisses Unbehagen sein, wie eine zu laute oder unruhige Umgebung, der sich der Kranke durch die Flucht entziehen will. Viele berichten auch, dass sie die innere Leere durch Aktivität füllen wollten oder dass sie auf der Suche nach etwas Bestimmtem (Gegenstand) waren. Eine weitere Möglichkeit stellen die Nebenwirkungen von manchen Antidementiva (Medikamente, die bei Demenz verordnet werden) dar. Mögliche Nebenwirkungen können Antriebssteigerung und motorische Unruhe sein, die eine gewisse Getriebenheit auslösen, welche die Kranken dann in Spaziergängen ausleben.

Erkrankungen aus dem schizophrenen Formenkreis

Schizophrenie, vor allem bei der Unterform der paranoiden Schizophrenie, ist gekennzeichnet durch Symptome wie Halluzinationen und Wahn. Die Halluzinationen sind meist akustischer Art, d. h., die Person hört Stimmen, die nicht existieren. Meist sind es Stimmen, die miteinander reden und auf den Betroffenen sehr beängstigend wirken können, oder Stimmen, welche dem Kranken Befehle geben. Der Wahn manifestiert sich oft als Verschwörungs- und Verfolgungswahn. Sowohl befehlende Stimmen als auch ein komplexes Wahngebäude können dazu führen, dass die Betroffenen umherirren und bizarre, nicht nachvollziehbare Handlungen ausführen. Getrieben werden sie meist aus Angst und um sich zu verstecken.

Suchterkrankungen
Gewisse Drogen, hier vor allem Halluzinogene wie LSD, Psilocybin-Pilze, Meskalin, aber auch Kokain, Amphetamin, Cannabis und Ecstasy, können ähnliche Symptome wie bei der Schizophrenie – Halluzinationen und Wahn – auslösen. Die Symptome können bis zu mehrere Tage nach dem Drogenkonsum anhalten.
Vor allem in hohen Dosen kommt es zu psychotischen Verlaufsformen, bei denen die Grenze zwischen Realität und Rausch verschwimmt. Zum Teil kann dies durch starke Angst und Panik einhergehen, was als Horrortrip bezeichnet wird. (Aus: Rupprecht, Rainer; Hampel, Harald (2006): Lehrbuch der Psychiatrie und Psychotherapie. Ihr roter Faden durchs Studium nach der neuen ÄAppO.)

Affektive Erkrankungen
Unter affektiven Erkrankungen versteht man die manischen und depressiven Erkrankungen. Die Manie ist durch Antriebssteigerung, Rastlosigkeit gekennzeichnet. Die Stimmung ist meist euphorisch, aber auch gereizt. In der mani-

schen Episode ist das Selbstwertgefühl deutlich übersteigert, bis hin zum Größenwahn. Die Antriebssteigerung und der gesteigerte Tatendrang führen oft zu unüberlegten Handlungen, die die Betroffenen in große Schwierigkeiten bringen können. Die Handlungen wirken bizarr und oft logisch nicht mehr nachvollziehbar. Das Gegenstück zur Manie ist die Depression. Im Rahmen der depressiven Erkrankung ist in Bezug auf Weglauftendenzen die suizidale Handlung hervorzuheben. Suizidalität kann ein Kriterium der Depression sein. Wichtig ist jedoch auch aufzuführen, dass durch die Behandlung der Depression mit Antidepressiva zunächst der verminderte Antrieb gesteigert wird, bevor sich die Stimmung bessert. Dies führt vorübergehend zu einer kritischen Konstellation – depressive Stimmung gepaart mit ausreichend Antrieb, um einen vorgefertigten Plan in die Tat umzusetzen.

c) Die vermisste Person wird verletzt aufgefunden, Erste Hilfe muss geleistet werden. Dies kann vorkommen, wenn die Person beispielsweise beim Wandern vom Weg abgekommen ist, weil sie abgerutscht oder abgestürzt ist. Ebenso bei einem Suizidversuch oder bei Flucht nach Verkehrsunfall oder aus dem Krankenhaus. Person befindet sich an Ort und Stelle.

Trainingstipp: „Auffindesituation/Opferbilder“

› VP befindet sich in verschiedenen Positionen: Sitzen, Stehen, Liegen.
› In Hanglage („abgerutscht“), unter Zweigen, lehnend an einem Baum, in einer Senke … der Kreativität sind hierbei keine Grenzen gesetzt.

Trainingstipp: „Der Hund muss warten, Erste Hilfe wird geleistet"

› VP wird aufgefunden, Hund darf am Ende keinen Kontakt aufnehmen und wird nur verbal für das Finden gelobt. Dann wird der Hund an einem Baum o. Ä. in der Nähe festgemacht und wartet, während der Hundeführer und Helfer bei der „verletzten" Person Erste Hilfe leisten und einen Notruf absetzen. Hierbei kann ein echtes Erste-Hilfe-Szenario dargestellt sein. Diese Übung wird gern für Trailer bei einem Staffelorientierungsmarsch vorbereitet.

d) Die vermisste Person läuft umher oder versteckt sich, will nicht gefunden werden. Person in Bewegung, Zugriff schwierig.

Trainingstipp: „Dranbleiben"

› VP entfernt sich immer wieder ein Stückchen weiter weg (ohne dass es der Hund oder Hundeführer sieht). Anfangs nur einmal, dann zweimal, dann wird die Spur auch mal wieder gekreuzt …
› Der Hund sollte die ersten Male und später immer wieder einmal Erfolg haben und die VP finden. Der Hund kann auch auf einem älteren Trail angesetzt werden und dann auf die frischen Spuren der davonlaufenden Person treffen.

e) Die vermisste Person befindet sich in einem Gebäude. Entweder hat sie das Gebäude gar nicht verlassen („All-In"), beispielsweise das Seniorenheim, Krankenhaus oder Wohnhaus (immer zusätzlich absuchen lassen). Häufig befindet sich die Person dann im Keller, in einem anderen Zimmer, einer (Putz-)Kammer oder im Lastenaufzug. Oder sie ist in ein anderes Gebäude gegangen („Raus und Rein") und versteckt sich dort oder ist dort zu Schaden gekommen (beispielsweise Wohnhaus eines Bekannten, Schule, Kaufhaus …). Person befindet sich an Ort und Stelle. Dieses Training fördert das genaue Eingrenzen der Spur. Traillängen variieren, auch auf kurze Distanzen trainieren.

Trainingstipp: „Indoor All-In“

› Startansatz ist in einem Gebäude. Das kann ein Seniorenheim, eine Schule, ein Rohbau, eine Lagerhalle, ein Geschäft, ein Parkdeck, ein Bahnhof, ein Flughafen sein (nur mit Genehmigung). Die VP verlässt das Gebäude nicht, das Ende befindet sich ebenfalls in diesem Gebäude(-Komplex). Anfangs nur kurze Strecken trainieren, Indoor ist für die Hunde sehr anstrengend und es befinden sich meist viele Verleitgerüche anderer Personen darunter. Zunächst in einem Stockwerk bleiben und nur ein bis zwei Türen einbauen, durch die der Hund suchen muss. Anfangs noch keine Türanzeige einfordern, sondern die Tür mit einem Geruchsartikel der Person (angefasster Stein, Schuh …) einen Spalt offen halten, damit der Hund sie selbst aufstoßen kann. Das fördert das Eindringenwollen und die spätere Türanzeige. In den nächsten Trainings kann dann ein Wechsel der Stockwerke stattfinden. Indoor gibt es meist richtig gute Versteckmöglichkeiten, vor allem im Keller oder in Lagerräumen. In einem Schrank, eingebaut hinter Pappkartons, hinter einer aufgestellten Matratze … Der Hund lernt so, sich an die VP heranzuarbeiten und ggf. auch in dunklen Räumen zu suchen. Dies steigert seine Motivation und den „Findewillen“. Dabei wird vom Hund auch Dopamin ausgeschüttet, die „Lerndroge“ schlechthin!

Trainingstipp: „Indoor Raus und Rein“

› Anfangs starten wir in einem Gebäude (beispielsweise im Erdgeschoss/Foyer …) und suchen aus dem Gebäude heraus (beispielsweise in den angrenzenden Park). Kurze Strecke, Aufteilung ungefähr 1/3 Indoor zu 2/3 Draußen. Beispielsweise 200 m Traillänge insgesamt => ca. 50 m Indoor, 150 m Draußen. Hat das gut geklappt, wird im nächsten Training das Verhältnis umgekehrt (150 m Indoor, 50 m Draußen).

- Oder wir starten draußen und suchen in das Gebäude hinein (VP befindet sich dann im Erdgeschoss). Kurze Strecke. Anfangs 2/3 Draußen, 1/3 Indoor. Immer darauf achten, ob der Hund durch Fenster, Türen, Lüftung etc. Witterung bekommen kann.
- In den weiteren Trainings wird dann alles zusammengesetzt: Start Indoor, Sequenz Draußen, Ende Indoor. Traillänge und Indoorabschnitte werden immer weiter ausgedehnt. Aber Vorsicht vor Überforderung.

f) Die vermisste Person ist weggefahren, beispielsweise mit der U-Bahn, dem Auto oder dem Bus.

Trainingstipp: „Negativ“
(immer ein paar Trainings dazwischenlassen)

- Wir beginnen mit einem „harten Negativ“, d. h., die Person ist eine Strecke gelaufen und dann mit einem Fremdauto oder einem öffentlichen Verkehrsmittel weggefahren. Es liegen keine älteren Spuren der VP unter dem Negativ an der Stelle, wo die Person eingestiegen ist. Der Hund bricht in alle Richtungen ab oder zeigt die Bushaltestelle oder das Gleis an. Achtung! Timing bei Bestätigung. Wir empfehlen kein „Positiv“ hinten anzusetzen. Der Hund muss nicht unbedingt immer eine Person am Ende finden. Er wird an diesem Tag nur für seine gute Arbeit belohnt.
- In den nächsten Negativtrainings folgt dann mal ein „Ansatznegativ“ (die gesuchte Person war niemals vor Ort), der Hund kommt in keine Richtung weg. Dann nach einiger Zeit (nicht im Anschluss) ein „weiches Negativ“ (die Person ist in ein Transportmittel eingestiegen. Unter dem Negativ liegt noch eine oder mehrere ältere Spuren, beispielsweise am Wohnort: Start an Wohnung, Trail zum Parkplatz). In der Regel stellt bei einem gut aufgebauten Hund das Negativ kein Problem dar. Der Hund zeigt im

Prinzip jedes Mal, wenn er von der Spur abkommt ein „kleines Negativ", bevor er umdreht und sich zur Spur zurückarbeitet.

› Hat der Hund damit keine Probleme, können in einem Training auch mehrere Negativs in Reihe geschaltet werden. Beispielsweise wird der Hund erst an einer, dann an einer weiteren Bahnhaltestelle angesetzt. Die Person war an den beiden Haltestellen nicht vor Ort (es gibt auch keine ältere Spur). Von der dritten Haltestelle führt eine Spur weg. Der Hund kann dann finden oder auch nicht, je nach Ausbildungsstand.

g) Die vermisste Person ist nicht mehr am Leben, beispielsweise nach vollendetem Suizid, einem Unfall oder einer Straftat (manchmal endet eine Vermissung als Strafsache). Person befindet sich an Ort und Stelle, je nach Todeszeitpunkt und Lagerung Schwierigkeit des großen Geruchspools. Eventuell zusätzlich Leichensuchhunde notwendig. Hierbei gibt es zahlreiche Auffindemöglichkeiten.

Forensik (Polizei ist immer mit vor Ort)

a) Die Zielperson wird aufgefunden, hält sich in einem Gebäude versteckt oder bei sich zu Hause.

Trainingstipp: „In den Wohnpool"

› Der Trail führt in den Wohnpool der Zielperson. Diese befindet sich in der eigenen Wohnung/dem eigenen Haus. In den ersten Trainings eine frische Spur legen, somit keine Zeitsprünge und der Trail verläuft chronologisch. Die Haustür ggf. einen Spalt offen lassen, einen Schuh o. Ä. dazwischenklemmen. Später dann mit Türanzeige und auch alte Trails. Die gesuchte Person hat sich um das Haus herumbewegt und frische Spuren darübergelegt (anfangs nur eine, dann steigern), befindet sich aber zu Hause.

Wichtig ist hierbei darauf zu achten, dass die Spuren sich überschneiden bzw. aneinander anknüpfen, damit der Hund sie flüssig durcharbeiten kann. Folgetrainings: Die gesuchte Person befindet sich nicht zu Hause. Hund zeigt Haus an und verfolgt die letzte Spur weiter (z. B. zur Bahn, zum nahe gelegenen Büro o. Ä.), oder die Person ist vor der Haustür weggefahren, dann Ende.

b) Personenspürhund zeigt an, wo die Zielperson wohnt.

c) Personenspürhund zeigt an, wo die Zielperson in ein Auto gestiegen ist. Siehe auch Trainingstipp „Negativ", S. 155.

Insgesamt gilt: Je zeitnaher die Alarmierung nach der Vermissung eingeht, desto höher ist die Wahrscheinlichkeit, die vermisste Person durch die Hunde bestenfalls lebend aufzufinden. Erstens erleichtert dies den Start, da noch nicht so viele Verleitspuren durch andere Personen und Tiere über den Trail gelegt wurden, und zweitens erleichtert eine zeitnahe Alarmierung auch den „Zugriff" am Ende. Denn ist die Person schon lange an einem Ort, entsteht ein größerer Geruchspool. Je länger sie sich dort aufhält, desto weiter streut der Geruchspool, der sich wie eine Glocke um die Person bildet und die Spur darunter in den letzten hundert Metern nahezu ausradiert. Es fällt quasi frischer Geruch über eine älter werdende Spur. Umso schwieriger ist es dann für den Mantrailer, die Person genau einzugrenzen. Er lernt zwar auch, sich durch den Pool an die Person heranzuarbeiten, Schwierigkeiten kann es aber ab einem Geruchspool von über 48 Stunden oder bei Totpool geben, da einige Hunde den Geruch zumindest nach einigen Totfunden meiden und es schwierig ist, positiv zu trainieren. Unterstützung gibt es dann von den Flächen- und Leichensuchhunden, die überwiegend in die Witterung arbeiten und/oder Totpool anzeigen. (Siehe Illustration Endpool, Farbtafel 12.)

Beispiele für Suizid:

- Die Person hat sich erhängt. Dies geschieht manchmal schon auf einer sehr geringen Höhe. Häufig: Ast (Baum), zwischen zwei Holzstapeln, an der Türklinke, mit dem Handtuchspender auf Toilette, unter einer Brücke, an einem Holzbalken in einem Schuppen, oft auch in der Nähe des Wohnhauses oder direkt auf dem eigenen Grundstück. Mit einem Seil, Spanngurt oder den Endlostüchern aus dem Handtrockner.
- Die Person hat sich erschossen. Häufig direkt zu Hause (dann wurde die Person in der Regel bereits gefunden). Bei Sucheinsätzen: oft im Wald.
- Die Person hat sich ertränkt: im See, in einem Weiher (auch mit niedrigem Wasserstand möglich) oder in einem Fluss. Meist bei kalten Außentemperaturen ab November bis März. Weiher, See: ohne Beschweren des Körpers durch Steine o. Ä. am ersten Tag meist noch an der Wasseroberfläche sichtbar, dann taucht die Leiche erst wieder ca. ab dem dritten Tag kurz auf. Suche auch mit Flutlicht, Wassersuchhunden oder Rettungstauchern. Fluss: Die Leiche wird zunächst mit der Strömung mitgetragen. Die Wasserwacht fährt den Fluss mit einem Boot ab und sucht mit Stecken und Rettungstauchern das Wasser ab. Spätestens ein paar Tage später wird die Leiche beim nächsten Wasserrechen entdeckt.
- Die Person hat sich vergiftet. Beispielsweise mit Rattengift, Arsen (selten), einer Überdosis Insulin oder Schlaftabletten, sonstigen Medikamenten allein oder in Kombination mit Alkohol, Drogen wie Heroin durch Schlucken oder Spritzen oder das Einatmen von Autoabgasen.
- Die Person hat durch Schnittverletzungen einen zu hohen Blutverlust erlitten.
- Die Person hat sich beispielsweise durch das Überziehen einer Plastiktüte erstickt.

Exkurs – Suizid

Suizid gehört zu den zehn häufigsten Todesursachen. Laut Statistischem Bundesamt suizidierten sich im Jahr 2010 in Deutschland 10 021 Menschen. Generell kann zwischen zwei Entstehungsformen eines Suizids gesprochen werden:

Als „raptusartige Handlung" (anfallartig) kommt der Suizid häufig bei einer schizophrenen Erkrankung oder einer melancholischen Depression vor. Er wird als eine Impulshandlung beschrieben, die durch einen nicht ertragbaren Schmerz entsteht. Diese Affekthandlungen werden häufig durch eine verminderte Hemmschwelle, verursacht durch Medikamente und Alkohol, ausgelöst.

Meist besteht jedoch eine suizidale Entwicklung (nach Pöldinger), die drei Phasen durchläuft: zunächst die Phase der Erwägung, im Anschluss die Phase der Ambivalenz und zuletzt die Phase des Entschlusses. Die Suizidabsichten eines Menschen zu erkennen und zu bewerten, ist eine äußerst schwierige Aufgabe, hierbei stellen die oben genannten Phasen eine wichtige Orientierungshilfe dar.

In der Phase der Erwägung wird die suizidale Handlung als eine Möglichkeit betrachtet. Die Phase der Ambivalenz ist durch einen bestehenden Konflikt der betreffenden Person gekennzeichnet, die zum einen leben, zum anderen dem Leben ein Ende setzen möchte. Aus diesem Konflikt entstehen die Ankündigungen bzw. Androhungen, die als Hilferuf zu verstehen sind. In der letzten Phase steht die Entscheidung fest. In diesem Stadium wird die Suizidabsicht nicht mehr kommuniziert und der Betroffene wirkt ruhig.

Präsuizidales Syndrom (nach Ringel): Ringel entwickelte 1950 die Theorie, dass einem Suizid die folgenden Phasen vorausgehen können, die zum Teil auch zur Beurteilung der Suizidwahrscheinlichkeit verwendet werden:

› Zunehmende Einengung: Das Leben wird als aussichtslos betrachtet und der Suizid als letzte Auswegmöglichkeit angesehen.
› Aggressionsanstau und Wendung der Aggression gegen das eigene Ich: Gehemmte Aggression wird dabei nicht nach außen entlassen, sondern richtet sich dann in oftmals belanglosen Situationen gegen sich selbst.
› Selbstmordfantasien, -pläne und -impulse.

Zur Beschreibung von Suizidversuchen ist es sinnvoll, diese nach dem Motiv einzuteilen. Die unterschiedlichen Formen können durchaus kombiniert auftreten. Zum einen besteht das Motiv des Wunsches nach Zäsursetzung (d. h. die Absicht, dadurch eine unbewältigte Lebenssituation abzuschließen) = parasuizidale Pause. Ein weiteres Motiv ist der Appell an die Mitmenschen. Damit will der Betroffene in Form eines Hilferufs seine Umgebung auf die unerträgliche und ausweglose Situation aufmerksam machen = parasuizidale Geste. Das letzte Motiv ist die Autoaggression (Aggression, die sich gegen sich selbst richtet) = parasuizidale Handlung.

Bei den Suizidmethoden kann zwischen harten und weichen unterschieden werden. Zu den harten Methoden werden Erhängen, Erschießen, Ersticken, Sturz aus der Höhe oder Sprung vor einen Zug gerechnet. Die weichen Methoden implizieren Vergiftungen (durch Medikamente, Autoabgase). Vollendete Suizide werden vornehmlich durch harte Methoden verzeichnet, während die weichen Methoden sich vor allem bei den Suizidversuchen finden lassen.

Einschätzung suizidaler Handlungen

Für die Einschätzung suizidaler Handlungen ist es wichtig zu berücksichtigen, dass es in der Psychodynamik, die zum Selbstmord und zum Selbstmordversuch führt, Unterschiede gibt. Bei der Selbstmordhandlung steht die Selbstaggression und Selbstzerstörung im Vordergrund. Der Selbstmordversuch kann tatsächlich ein missglückter Suizid sein, aber auch eine parasuizidale Handlung (Pöldinger). Bei der parasuizidalen Geste handelt es sich um eine suizidale Handlung, die Appellfunktion besitzt. Eine verbale Kommunikation ist für den Betreffenden nicht mehr möglich, sodass er zu dieser nonverbalen Variante greift.

Eine mögliche Leitlinie zur Einschätzung der Ernsthaftigkeit eines Suizidversuchs setzt sich aus der Suizidintention (Motiv wie bereits beschrieben), dem Suizidarrangement und der Suizidmethode zusammen. Das Suizidarrangement gibt Information darüber, wie schwer das Auffinden der betreffenden Person ist und damit auch der mögliche Rettungsversuch. Wenn die Planung einen Rettungsversuch eher unwahrscheinlich macht, kann von einer hoch anzusetzenden Ernsthaftigkeit ausgegangen werden. Die Suizidmethode stellt den zweiten Faktor zur Beurteilung dar. Hoch einzustufen ist die Ernsthaftigkeit bei einer Suizidmethode, die den letalen Ausgang erhöht (harte Suizidmethoden). Den dritten Faktor stellt die suizidale Absicht dar (psychotische Patienten mit befehlenden Stimmen zum Sturz aus dem Fenster). Nach einem Suizidversuch ist das Risiko für einen weiteren Versuch deutlich erhöht (13–35 % begehen in den nächsten zwei Jahren einen weiteren Versuch). Die Einschätzung der Gefahr eines erneuten Suizidversuchs stellt eine große Herausforderung dar. Anhaltspunkte hierfür können vor allem das Suizidarrangement und die Methode liefern. Das Risiko eines weiteren Suizids kann bei hoch einzuschätzender Ernsthaftigkeit als hoch angesehen werden (von einem Umkehrschluss ist jedoch dringend abzuraten).

Bei mehr als 90 % der Personen, die einen Suizid begehen, liegt eine psychische Erkrankung vor. Das Mortalitätsrisiko durch Suizide ist bei Personen mit psychischen Erkrankungen um das 30–80-Fache erhöht. Eine typische Erkrankung mit dem höchsten Suizidalitätsrisiko ist die Depression. Dies betrifft vor allem Personen, die an einer manisch-depressiven Erkrankung leiden. Neben der Depression stellt die Diagnose einer Schizophrenie ein deutlich erhöhtes Mortalitätsrisiko durch Suizide dar. Aber auch Personen mit Suchterkrankungen sowie mit bestimmten Persönlichkeitsmerkmalen erhöhen das Risiko eines Suizids. Hierbei kann ein Zusammenhang zwischen Hoffnungslosigkeit sowie Aggressivität bzw. Impulsivität hergestellt werden. Diese Persönlichkeiten weisen hohe Aggressivitätswerte sowie Impulskontrollstörung auf (z. B. Persönlichkeitsstörung vom Borderline-Typ). Neben den genannten psychischen Erkrankungen und Persönlichkeitsmerkmalen spielen aber auch psychosoziale Belastungssituationen eine erhebliche Rolle (wie Beziehungsende, Tod eines Familienangehörigen). (Psychiatrie up2date 2009; 3(3): 197–212.)

Beim Suizid handelt es sich um ein ausgesprochen komplexes Thema. Selbst für Experten ist die Einschätzung der Ernsthaftigkeit und des Risikos eines erneuten Versuchs eine äußerst schwierige Aufgabe. Insgesamt ist hervorzuheben, dass jede Suizidankündigung und jeder Suizidversuch ernst genommen werden muss.

Quellenangaben:

› Rupprecht, Rainer & Harald Hampel (2006): Roter Faden Psychiatrie und Psychotherapie. Wissenschaftliche Verlagsgesellschaft. (www.psychologie-psychotherapie.ch)
› Gallinat, Jürgen & Andreas Heinz (2010): Facharztprüfung Psychiatrie und Psychotherapie. Urban und Fischer.
› Fachzeitschrift: Psychiatrie up2date 2009; 3(3): 197–212
› Stengel, Erwin (1969): Selbstmord und Selbstmordversuch.

Parasuizid

Der Begriff Parasuizid bezeichnet jede nicht tödliche Handlung eines Menschen, die absichtlich selbstverletzend durchgeführt wird. 1969 erfolgte erstmals die Einführung des Begriffs „Parasuizid" durch Kreitman et al. mit der Begründung, dass bei einer Vielzahl von Menschen, die einen Suizidversuch begingen, nicht die Absicht bestand, sich das Leben zu nehmen. Stengel (1969) schrieb dazu: „Die meisten Menschen, die Selbstmordhandlungen begehen, wollen nicht entweder sterben oder leben. Sie wollen beides gleichzeitig, gewöhnlich das eine mehr als das andere."

Nachsatz für die Einsatztrailer

Bei einem Suizidverdacht im Vermisstenfall ist selbstverständlich Eile geboten. Dennoch ist es wichtig, einen klaren Kopf zu bewahren und nicht einfach „hektisch draufloszutrailen". Will sich die vermisste Person wirklich das Leben nehmen, ist das häufig so geplant, dass Einsatzkräfte keine Chance haben, die Person noch lebend aufzufinden.

Erfolgreiche Einsätze

Die Erfolgswahrscheinlichkeit ist abhängig von der Zeit der Alarmierung und dem Alter der Spur, der Umgebung, der Ablenkung durch Lärm, Straßenverkehr, Verleitgerüchen … der Qualität der Geruchsartikel, dem Schwierigkeitsgrad des Trails, dem Wetter und der Temperatur bei der Suche und während der Liegezeit des Trails, dem Verhalten der Angehörigen, dem Wahrheitsgehalt der Aussagen, der Lösungsmöglichkeit allgemein, dem Ende (Negativ, Totpool …), vielleicht sogar „dem Schicksal" und sonstigen Faktoren. Wir gehen von einem gesunden, psychisch und physisch gut trainierten PSH aus, der drei bis acht Jahre alt ist und in mindestens zehn Einsätzen Erfahrung gesammelt hat, aber im Schnitt nicht mehr als zwei Einsätze pro Woche läuft). Natürlich sind Personenspürhunde auch „nur normale" Hunde und die Hundeführer auch „nur normale" Menschen, die Fehler machen können. Eine hundertprozentige Erfolgsgarantie gibt es nicht. Es kann natürlich sein, dass andere Hundeführer gerade in den Grenzbereichen noch weiter gegangen sind und beispielsweise noch ältere Spuren getrailt haben. Es ist nun mal so, dass viele Faktoren schlecht zu trainieren sind wie Spuren, die ein Jahr alt sind, oder diverse Referenzgeruchskopien, die schwierig zu besorgen sind. Zudem ist das Szenario im Training immer auf irgendeine Weise konstruiert. Wir greifen deshalb hierbei nur auf die Erfahrungen zurück, die wir in den zahlreichen Einsätzen mit Rettung und Forensik gemacht haben.

Was bedeutet „Erfolg"?

Zuvor muss abgeklärt werden, was hierbei als hilfreich („Erfolg") gewertet wird:

1. Auffinden der VP bei Vermissung

a) Im Wohnhaus, Keller, Kammer, Aufzug … beispielsweise durch eindeutige Türanzeige oder Aussage des Hundes, dass VP sich noch im Gebäude befindet, und daraufhin folgendes Absuchen eines vom Trailer eingegrenzten Bereichs (beispielsweise Stockwerk) => VP hat Haus nicht verlassen („All In").

b) Im Wald, auf der Wiese, dem Feld, in der Stadt im Wasser => VP hat beispielsweise das Wohnhaus verlassen. Trailer nimmt die Spur auf und führt direkt zur VP oder grenzt Gebiet ein, in das ein

Flächenhund geschickt werden kann. Anzeige eines Gewässers (Weiher, See, Fluss …), das daraufhin abgesucht wird. VP wird unmittelbar gefunden.

c) In einem anderen Gebäude => VP hat Wohnhaus verlassen und ist in ein anderes gelaufen (zu einem Bekannten, in ein Krankenhaus etc.). Trailer führt direkt zum Haus oder kreist das Haus ein.

In allen Fällen kommt es darauf an, dass der Hund erstens möglichst eindeutig anzeigt und der Hundeführer zweitens die richtige Aussage macht.

2. Richtungsweisend bei Vermissung

Wohin führt die Spur vom letzten Sichtungspunkt der VP? Ausschließen („freigeben") der nahen Umgebung oder bestimmter Flächen/Waldgebiete, wenn zu groß für routinemäßige Absuche. Verfolgen der Spur über mehrere Kilometer in der richtigen Richtung (beispielsweise Fahrradfahrer). Negativanzeige an Straße (Auto), Bushaltestelle … Anzeige des richtigen Bahnsteigs (in welche Richtung ist die VP mit der Bahn gefahren, z. B. in die Innenstadt oder nach draußen?) => ggf. Überprüfen bestimmter weiterer Haltestellen. Anzeige eines Gewässers (Weiher, See, Fluss …). VP wird irgendwann dort aufgefunden.

3. Richtungsweisend bei Forensik

Alles, was den Kriminalbeamten dabei hilft, den Fall aufzuklären. Ist das der Täter, wo wohnt der Täter, Auffinden von Tatgegenständen, in welche Richtung hat er den Tatort verlassen etc. Bei Rekonstruktion: Aus welcher Richtung ist der Täter zum Tatort gekommen?

Erfahrungswerte mit unseren eigenen PSH

Mit der Summe der gesteigerten Schwierigkeiten (Alter der Spur, Länge, Qualität GA, Totpool) sinkt die Erfolgswahrscheinlichkeit.

Erfolgswahrscheinlichkeit 91–100 %

(„wird funktionieren"), keine zusätzlichen Unsicherheitsfaktoren

Zeitfaktor:

› Alarmierung nach Verschwinden der Person/nach der Tatzeit.

Geruchsartikel:

› Unkontaminierter Basisgeruchsartikel und gute Kopien (einfache Materialien/Stoffe wie Kleidung); Geruchsartikel und Spur haben dasselbe (Geruchs-)Alter;
› Kontaktzeit der ZP mit Geruchsartikel mehrere Minuten.

Trail:

› One Way (wenig ältere Spuren darunter, keine Zeitsprünge etc.) und Single-VP bzw. ZP-Spur (nicht im Wohngebiet der ZP);
› Spur wurde zu Fuß gelegt;
› Länge bis zu fünf Kilometer;
› Alter des Trails unter zwölf Stunden; chronologisch;
› Spurrekonstruktionen im ruhigen Gebiet unter zwei Kilometer.

Umgebung:

› Wenig Ablenkung (Auge, Nase, Ohr) durch Autos, Passanten, Tiere etc. => Hund kann sich 1. besser auf Spur konzentrieren und hat 2. mehr Raum zum Arbeiten, weil HF ihn nicht ständig einbremsen muss. wenig „Geruchsabrisse" durch Brücken, Durchgänge, offene Felder oder Plätze;
› kein fließendes oder großes Gewässer in der Nähe des Trails.

- möglichst eben, keine großen Hügel, Berge etc. wegen Thermik, außer Trailer, die das trainieren können (z. B. in Österreich);

Wetter:
- Temperaturen zwischen –5 und +25 Grad; leichter Wind, Regen, Schneefall etc. spielen bei der kurzen Liegedauer des Trails so gut wie keine Rolle. Feuchtes Klima eher besser.

Ende:
- VP/ZP befindet sich an Ort und Stelle, bewegt sich nicht weiter umher, lebt;
- VP/ZP befindet sich an einem für den Hund zugänglichen Ort;
- wenn VP/ZP mit Transportmittel weggefahren sind => Hund zeigt Negativ an;
- wenn VP/ZP sich in einem Gebäude befindet => Hausanzeige.

Erfolgswahrscheinlichkeit 71–90 %
(„müsste funktionieren"), folgende Unsicherheitsfaktoren mit niedrigem Schweregrad möglich

Zeitfaktor:
- Start der Suche bis zu zwei Wochen nach Verschwinden der Person bzw. nach der Tatzeit.

Geruchsartikel:
- Leicht kontaminierte Basisgeruchsartikel, Person ist zum Ausschließen vor Ort; Basisgeruchsartikel oder Kopien davon aus ungewöhnlicheren Materialien/Stoffen wie abgefeuerten Patronenhülsen); Geruchskopien mit einer Einwirkzeit von mindestens 15 Min.; Geruchsartikel älter als Spur;
- Kontaktzeit der ZP mit Geruchsartikel ein paar Sekunden.

Trail:

- Ältere Spuren darunter, Zeitsprünge etc., Start oder Ende im Wohngebiet der ZP;
- Spur wurde mit dem Fahrrad, Pferd o. Ä. gelegt, Länge bis zu acht km;
- Spur wurde zu Fuß gelegt, Länge bis zu acht km;
- Alter des Trails bis zu zwei Wochen; nicht chronologisch.

Umgebung:

- Ablenkung (Auge, Nase, Ohr) durch Autos, Passanten, Tiere etc.;
- „Geruchsabrisse" durch Brücken, Durchgänge, offene Felder oder Plätze;
- Hügel, Berge => Thermik;
- fließendes oder großes Gewässer in unmittelbarer Nähe des Trails, schwierige Geruchsverhältnisse.

Wetter:

- Temperaturen zwischen –10 und +30 Grad; starker Regen, starker Schneefall, Eis, starker Wind.

Ende:

- VP draußen und unbewegt => großer Endpool (Lebend- oder Totpool);
- VP/ZP befindet sich an einem für den Hund unzugänglichen Ort;
- VP/ZP mit Transportmittel weggefahren, darunter liegt aber eine gelaufene Spur mit ähnlicher Zeit („weiches Negativ").

Erfolgswahrscheinlichkeit 51–70 %
(„könnte funktionieren"), folgende Unsicherheitsfaktoren mit mittlerem Schweregrad möglich, je nach Häufung der Punkte sinkt die Erfolgswahrscheinlichkeit schnell.

Zeitfaktor:

› Start der Suche bis zu zwei Monate nach Verschwinden der Person bzw. nach der Tatzeit.

Geruchsartikel:

› Kontaminierte (frischer darüber) Basisgeruchsartikel, Personen sind zum Ausschließen vor Ort; Basisgeruchsartikel oder Kopien davon aus ungewöhnlichen Materialien/Stoffen, wie beispielsweise Rektalabstrich;
› Kontaktzeit der ZP mit Geruchsartikel: nur kurzzeitig berührt; hat Handschuhe getragen.

Trail:

› Ältere Spuren darunter, Zeitsprünge etc., Start oder Ende im Wohngebiet der ZP;
› Spur wurde mit dem Fahrrad, Pferd gelegt, Länge bis zu 12 km;
› Spur wurde zu Fuß gelegt, Länge bis zu 5 km;
› Spur wurde mit dem eigenen Auto gelegt, Länge bis zu zehn km;
› Alter des Trails bis zu zwei Monate; nicht chronologisch.

Umgebung:

› Starke Ablenkung (Auge, Nase, Ohr) durch Autos, Passanten, Tiere etc.;
› „Geruchsabrisse“ durch Brücken, Durchgänge, offene Felder oder Plätze;
› Hügel, Berge => Thermik;
› fließendes oder großes Gewässer in unmittelbarer Nähe des Trails, schwierige Geruchsverhältnisse.

Bei einer Vermissung machen Trails, die älter als ein paar Tage sind, nur Sinn, um den Familien die Rückführung des Angehörigen zu ermöglichen.

Wetter:
- Temperaturen unter –15 und über +30 Grad; starke, sintflutartige Regengüsse; sehr starker Wind (aufgrund der längeren Liegezeit spielt das Wetter zunehmend eine Rolle).

Ende:
- Wenn VP draußen und unbewegt => großer Endpool (Eingrenzen);
- VP/ZP befindet sich an einem für den Hund unzugänglichen Ort.

Erfolgswahrscheinlichkeit unter 50 %
(„kann man ausprobieren, wird aber eher nicht funktionieren"), Unsicherheitsfaktor(en) mit höchstem Schweregrad

Zeitfaktor:
- Start der Suche nach über zwei bis sechs Monaten nach Verschwinden der Person beziehunsweise nach der Tatzeit.

Geruchsartikel:
- Stark bzw. frischer kontaminierter Basisgeruchsartikel, Personen sind zum Ausschließen nicht vor Ort; Basisgeruchsartikel oder Kopien davon aus ungewöhnlichen Materialien/Stoffen, die nicht trainiert wurden;
- nahezu keine Kontaktzeit der ZP mit Geruchsartikel, z. B. nur mit Kleidung leicht gestreift.

Trail:
- Länge über 20 km;
- Spur wurde mit einem Fremdauto gelegt;
- Alter des Trails über sechs Monate; nicht chronologisch;
- Spurrekonstruktionen im Stadtgebiet über mehrere Kilometer (Kapazitätsprobleme).

2 › Einsatzberichte

Bericht von Klaus Gmelch, Leiter des für vermisste Personen zuständigen Kommissariats 14 des Polizeipräsidiums München

Die Polizei München wird im Jahresschnitt 15-mal am Tag um eine Suche nach vermissten Personen gebeten. Ein Drittel der Hilferufe wird an die Kriminalpolizei weitergegeben, da eine umfangreichere Suche notwendig erscheint. Es gilt jeweils ein menschliches Schicksal mit ungewissem Ausgang zu bewerten. Vermissen bedeutet immer ein emotionaler Ausnahmezustand und ein Gefühl der Rat- und Hilflosigkeit. Die Angst kommt auf, einen nahestehenden Menschen zu verlieren. Bei einem Großteil der Fälle schwindet diese Angst innerhalb weniger Stunden, da der Aufenthalt des Vermissten geklärt oder durch ein positives Lebenszeichen erklärt werden kann. Wenn die erste Informationsflut über den komplexen Sachverhalt, das Lebensumfeld eines Einzelnen, durch aufmerksame Sammlung von Fakten geordnet ist und dabei ein konkretes Bild einer Gefahr für Leib oder Leben entsteht, gilt es alles Menschenmögliche zu unternehmen, um diese Gefahr zu beseitigen.

Durch immer bekannter werdende Einsätze der Hundestaffeln, entsteht oft mehrmals in der Woche allein in München die Hoffnung auf Hinweise durch Hundeführer, die es verstehen, die Sinne ihrer tierischen Freunde zum Nutzen der Menschen zu machen. In eigens dazu thematisierten Arbeitstreffen wurden und werden Erfahrungen ausgewertet und Einsatzkonzepte entwickelt. Ziel dabei ist es, die Kommunikation zwischen Hund und Mensch zu verfeinern, um störende Einflüsse zu erkennen, zu vermeiden und um somit den Hund auf die richtige Spur ansetzen zu können. Glücklicherweise sind dabei die Einsätze die absolute Minderheit, bei denen der Tod eines Vermissten durch Krankheit, Unfall oder Straftat nicht mehr verhindert werden konnte. Auch wenn Betroffene oft erst spät realisieren, welch hoher Aufwand betrieben wurde, um ihren Aufenthalt feststellen zu können, so macht jeder Einsatz mit Personensuchhunden alle aufmerksamen Betrachter stolz, welch positive Zusammenarbeit zwischen Mensch und Tier möglich ist. Allein dieser Erfolg spornt an, weiter aus dem Hobby des Tierfreundes über das Spiel die lebensrettende Arbeit mit unseren Hunden fortzusetzen.

Einsätze mit dem Personenspürhund aus Sicht eines Zugführers

Jürgen Römmler, hauptberuflicher Feuerwehrbeamter. Gruppenführer und Lehrrettungsassistent bei der Berufsfeuerwehr München.

Im folgenden Abschnitt soll die Rettungshundearbeit (Vermissung) einmal aus Sicht des Zugführers betrachtet werden. Zuerst einmal zur Begrifflichkeit Zugführer: In Deutschland ist derzeit nicht einheitlich geregelt, wie der Organisatorische Leiter einer Rettungshundeeinheit benannt wird; da gibt es Einsatzleiter Rettungshunde, Fachberater

Rettungshunde, Staffelführer usw. Wir haben uns für die Bezeichnung Zugführer (ZF) entschieden.

Kurz zu meiner Person: Ich bin seit 2004 ehrenamtlich in einer Rettungshundestaffel tätig, führe einen geprüften Flächensuchhund und bin seit Anfang an auch als ZF in der Staffel tätig. Hauptberuflich bin ich Feuerwehrbeamter und als Gruppenführer und Lehrrettungsassistent bei der Berufsfeuerwehr München angestellt. In der fast zehnjährigen Tätigkeit in der Rettungshundestaffel konnte ich an über 300 Einsätzen aktiv teilnehmen, und überwiegend hatte ich dabei die Zugführung. In dieser Zeit gab es viele dramatische, überraschende, traurige, aber auch skurrile, erfolgreiche und schöne Momente.

Wie in vielen Bereichen des Lebens, macht gerade in der Rettungshundearbeit aber auch ein Großteil des Wissens die Erfahrung aus, die man bei den verschiedensten Einsätzen gesammelt hat. Einige dieser Erfahrungen und Eindrücke möchte ich hier weitergeben. Wo gearbeitet wird, passieren Fehler, das liegt in der Natur der Sache und ist in der Rettungshundearbeit nicht anders. Auch wir haben Fehler gemacht aus Unwissenheit, anfänglich mangelndem Vertrauen in die Arbeit der Hunde, wegen falscher Aussagen oder fehlender Informationen. Aus Fehlern kann man bekanntlich lernen und sie müssen nicht wiederholt werden, deshalb werde ich hier von einigen Einsätzen und daraus gewonnenen Erfahrungen berichten.

Rettungshundearbeit ist ein stetiger Lernprozess, man kann aus jedem Einsatz etwas ziehen. Und jeder Einsatz, scheint er auf den ersten Blick auch noch so einfach zu lösen, hält nicht selten seine Überraschungen und Tücken bereit. Eine der wichtigsten Erfahrungen ist, dass das, was in der Vorarbeit zur Suche speziell im Mantrailbereich versäumt, übersehen oder mit mangelnder Sorgfalt erledigt wird, unterwegs nicht wiedergutzumachen ist und die finale Aussage infrage stellen kann.

Aufgaben des Zugführers von der Annahme bis zum Ende des Einsatzes

Bereits der erste Kontakt zur alarmierenden Stelle – in der Regel ist das die Polizei oder Rettungsleitstelle – ist immens wichtig und sollte sorgfältig abgearbeitet werden. Hierbei erfährt man die ersten Hinweise, um welchen Einsatzauftrag es sich handelt, und es kann auch gezielte Hinweise geben, wie sich Einsatzkräfte vor Ort verhalten sollen. Hier unterscheidet sich die Abfrage im Bereich Mantrail- und Flächensuche. Während im Bereich Flächensuche Fragen nach Größe, Bewuchs und Beschaffenheit des Suchgeländes sowie eventuellen Gefährdungen für Suchteams im Vordergrund stehen, müssen für einen eventuellen Mantraileinsatz andere Prioritäten bei den Fragen gesetzt werden. Die wichtigsten Fragen sind die nach dem letzten gesicherten Aufenthaltsort der vermissten Person und nach geeigneten und verfügbaren Referenzgerüchen. Wurden diese bereits von anderen Personen berührt? Ist der zu suchende Mensch ein Erwachsener oder handelt es sich um ein Kind? Seit wann wird die Person vermisst? Leider ist es unserer Erfahrung nach so, dass Rettungshunde teilweise noch verhältnismäßig spät alarmiert werden. Gerade für die Personenspürhunde ist dies verlorene Zeit, in der Einsatzkräfte und Angehörige über den eigentlichen Trail frische Spuren legen und ein Einsatzerfolg unter bestimmten Umständen damit erschwert werden kann.

Bei diesem ersten Gespräch kann man gegebenenfalls auch gleich Hinweise geben, wie mit eventuellen Geruchsartikeln umzugehen ist.

Beispielsweise in Altenheimen und Krankenhäusern wäre es wichtig, dass der Raum, in dem der Vermisste untergebracht ist, möglichst bald verschlossen wird und keine Person Schränke, Taschen usw. anfassen sollte. Ist dies schon geschehen, sollten alle Personen, die zu verwendende Geruchsträger angefasst haben, vor Ort sein, damit der Hund diese am Start ausschließen kann. Meist gibt es aber Stellen, die noch niemand angefasst hat. An diesen kann man dann Duplikate erstellen. Beispielsweise Gaze innerhalb der Schuhe einlegen und einwirken lassen. Das ist in jedem Fall die bessere Wahl.

Bei aufgefundenen Fahrzeugen von abgängigen Personen sollte möglichst schnell ein Kontakt mit Fachdiensten vor Ort wie Spurensicherung, Kriminaldauerdienst oder Polizeistreife hergestellt werden, um eine Kontamination durch Dritte zu verhindern.

Wurde das Fahrzeug bereits durchsucht oder haben sich andere Personen auf die Sitze gesetzt, wird es schwer, geeignete Geruchsduplikate abzunehmen. Handelt es sich um den Fahrzeughalter und wohnt dieser nicht allzuweit entfernt, ist es besser von zuhause Referenzgerüche zu besorgen. Auch der Hinweis, dass sich Fahrzeuge und Generatoren nicht in unmittelbarer Umgebung der Ansatzstelle für den Hund befinden sollten, kann erfolgen.

Was unserer Erfahrung nach eine sehr wichtige Rolle spielt, ist die Befragung von Zeugen und Angehörigen von Vermissten. Der Kontakt ist hierbei oft sehr emotional und teilweise auch psychisch belastend, weil man sich meist im direkten (Wohn-)Umfeld des Vermissten befindet. Hierbei ist ein sehr sensibles Vorgehen unabdingbar. Oftmals sind Rettungshunde die letzte Hoffnung für Angehörige und dementsprechend hoch ist die Erwartungshaltung. Hier sollte gleich offen dargestellt werden, dass es auch bei der Suche mit Hunden Grenzen gibt. Wir nehmen uns immer etwas Zeit für diese Befragung, und das hat schon häufig geholfen, uns ein klareres Bild von der vermissten Person zu machen. Wir führen die Befragungen auch am liebsten selbst durch. Was wir aber auch festgestellt haben ist, dass Zeugen oder Angehörige uns bewusst oder unbewusst manchmal nicht die Wahrheit sagen. Es gab mehrere Einsätze, bei denen der Angehörige seine(n) Lebenspartner(in) als vermisst gemeldet hat, obwohl er/sie denjenigen umgebracht hatte. Die Person hatte natürlich überhaupt kein Interesse, dass unsere Hunde eine Spur aufnehmen, und log uns daher gezielt an. Bei einem Einsatz hatte z.B. die Ehefrau ihren Mann umgebracht und uns falsche Geruchsartikel ausgegeben.

Übrigens kein schönes Gefühl, wenn einem im Nachhinein bewusst wird, dass man sich mit einem Mörder oder einer Mörderin unterhalten hat. Da endet ein vermeintlich normaler Sucheinsatz in einem dramatischen Kriminalfall. Als Konsequenz daraus wird von uns die Geruchsmittelabnahme und Befragung immer zu zweit und in Begleitung der Polizei durchgeführt.

In Sachen Kontamination der Geruchsartikel haben wir auch schon die unmöglichsten Sachen erlebt. Es sollte bei den Angehörigen aber vermieden werden, einen gewissen „Druck" aufzubauen, indem man nach unbedingt reinen Geruchsträgern fragt, die von niemandem berührt wurden. Das kann dazu führen, dass verzweifelte Angehörige aus Angst, dass wir dann nicht suchen, verschweigen, dass die Geruchsträger auch von einer dritten Person berührt wurden. Dies auszuschließen ist fast unmöglich, sollte aber möglichst genau hinterfragt werden. Sonst trailen die Hunde mit hoher Wahrscheinlichkeit der dritten Person hinterher. Eine Jacke, die auf dem Bett einer vermissten Jugendlichen liegt, muss nicht zwangsläufig ihre eigene sein, auch wenn die Betreuerin dies glaubhaft versichert. Erst als der Hund die Spur aufnahm und in einem anderen Raum ein Mädchen anzeigte, stellte sich heraus, dass die Jacke nur dort von ihr liegengelassen worden war.

Oftmals hat sich erst im Nachhinein herausgestellt, dass manche Aussagen von Angehörigen oder Zeugen nicht richtig waren, weil die Hunde ganz andere Wege gelaufen sind als die, die bei der Befragung vermutet wurden.

In einem Seniorenheim zum Beispiel wurde uns versichert, dass die vermisste Dame nicht durch den Hauptausgang gegangen sein könne, weil dort die Pforte Tag und Nacht besetzt sei und keiner ungesehen das Gebäude verlassen könne. Unsere Hunde wählten aber genau diesen Weg aus dem Gebäude. Erst als der Tagespförtner während unserer Suche abgelöst wurde, klärte sich auf, dass die Dame das Haus wohl doch auf diesem Weg verlassen hatte, der ablösende Pförtner des Nachtdienstes war nämlich blind.

Das war übrigens nicht das einzige Kuriose an diesem Einsatz. Eine unserer Hundeführerinnen war doch etwas erstaunt, als sie hinter ihrem Hund an der Leine um die Ecke bog und dieser auf einmal vor einem Kaninchen stand. In diesem Wohnheim war die Haltung von Haustieren erlaubt, und diese liefen teilweise auch frei in den Gängen umher. Übrigens hat der Mümmelmann das Zusammentreffen mit unserem Hund bis auf einen gehörigen Schreck unbeschadet überstanden. Man muss also bei Einsätzen am besten mit allem rechnen.

Wir haben im Lauf der Zeit gelernt, uns nur auf uns und unsere Hunde zu verlassen. Aussagen von Dritten, klingen sie noch so glaubwürdig, werden ernst genommen und soweit es geht überprüft, aber dennoch immer kritisch gesehen. Es ist einfach schon mehrfach passiert, dass wir Personen in Gebieten gefunden haben, die bereits abgesucht wurden, sei es mit Hunden oder Fußtrupps. Auch wenn jeder Hilfstrupp sein Bestes gibt, kann ein Vermisster auch mal nicht auf Anhieb gefunden werden. Deshalb suchen wir lieber einmal zu viel als zu wenig. Auch kann man sich nicht auf das „normale“ Verhalten einer vermissten Person verlassen. Wenn es heißt, derjenige fährt nie mit den öffentlichen Verkehrsmitteln, sollte man das dennoch nicht ausschließen. Des Öfteren haben die Mantrailer eine Spur zu einem Bahnhof oder zu einer Bushaltestelle verfolgt. Dann kann entweder die Polizei weitere Schritte unternehmen, zum Beispiel Videoauswertung von Überwachungskameras, Befragung von Busfahrern usw. Oder sollte es sinnvoll erscheinen, überprüfen die Mantrailer auch weitere Bahnhöfe oder Bushaltestellen, um festzustellen, wo die vermisste Person wieder ausgestiegen ist. Dies ist in der Regel zumindest in der Innenstadt recht aufwendig und mit einem erheblichen Zeitaufwand verbunden, kann aber den ausschlaggebenden Erfolg bringen.

Wenn die Suche beendet ist, sollte der verantwortlichen Organisation, in der Regel der Polizei, natürlich auch ein aussagefähiges Ergebnis präsentiert werden. Dabei ist es wichtig, ehrlich zu sein. Ist der Fall nicht eindeutig, sollte zunächst einmal teamintern diskutiert werden, damit es nicht zu einer vorschnellen Fehleinschätzung bzw. Aussage kommt. Wichtig ist zudem, alles zu dokumentieren, schriftliche Protokolle zu erstellen, in denen die genaue Uhrzeit des Einsatzbeginns und -endes angegeben sind, die Startzeiten der einzelnen Teams, wer als Helfer mitgelaufen ist, welcher Hund welchen Geruchsartikel hatte, welche Flächenhunde wo eingeteilt wurden, was bereits abgesucht wurde und was nicht etc. Die Trails werden per GPS aufgezeichnet, ausgedruckt und bei Tageslicht auch mit einer Kamera gefilmt.

Einsatzbericht der Kriminalpolizei Kiel

Bericht von Henrik Greve, Kriminalpolizei Kiel, über eine Arbeit des K-9-Personenspürhunds „Archibald“, Labrador Retriever, sieben Jahre alt

Es lag eine zweimalige Brandstiftung innerhalb einer Nacht auf einem Privatgrundstück vor. Dabei hatte der Täter ein Einfamilienhaus von außen angezündet und ein 20 Meter entferntes Gartenhaus. Dabei entstanden ein erheblicher Sachschaden am Haus und auch ein leichter Schaden am Gartenhaus. Zunächst gab es keine direkten Täterhinweise, jedoch später Hinweise auf den „stalkenden“ Exfreund der Geschädigten, der die Trennung nicht akzeptiert hatte und seit einigen Monaten (seit der Trennung) nicht mehr am Tatort wohnhaft war, sondern in einigen Kilometern Entfernung in Kiel lebte.

Ein glücklicher Umstand war, dass bei dem Gartenhausbrand eine Regentonne schmolz und sich Wasser über den vom Täter mit zum Tatort gebrachten „Brandsatz" (Konstrukt aus Grillanzünderwürfeln, flüssigen Grillanzündern, Zeitungen und Klebeband) ergoss und diesen löschte, sodass er recht gut erhalten war.

Knapp eine Woche nach dem Brand wurde der Personenspürhund (PSH) Archie eingesetzt. Referenzgeruch war der Brandsatz, der eindeutig Tätergeruchsspuren (laut KTU sonst keine DNA, keine lesbaren Fingerabdrücke) tragen musste. Die Berechtigten wurden vor Ort vom PSH „abgeschnuppert" und ausgeschlossen, dann lief er los. Zielstrebig ging es über knapp sieben km durch die kleine Ortschaft am Stadtrand von Kiel und über Landstraßen bis in den Stadtteil, in dem der Tatverdächtige lebte. Dort dann weiter durch ruhige Wohngebiete bis vor die Haustür einer Doppelhaushälfte. Dort beendete Archie die Suche. Es stellte ich heraus, dass der Tatverdächtige zu diesem Zeitpunkt dort wohnte. Zum Suchergebnis wurde die Hundeführerin anschließend zeugenschaftlich vernommen, um das Suchergebnis gerichtsverwertbar in das Ermittlungsverfahren einzubringen. Dazu kann ich in den Fällen raten, aus denen sich konkrete Folgemaßnahmen der Polizei aus der Suchmaßnahme ableiten lassen. (Ausbildung Hund, bisherige Erfolge, Verlauf der Suche, Deutlichkeit und Aussagekraft des Ergebnisses usw.). Die Vernehmung des Hundeführers ist vollständiger und authentischer als ein Vermerk des Beamten. Und potenziell kann dieser ja auch als Zeuge vor Gericht aussagen.

Anmerkung von Henrik Greve: „Unterm Strich ein beeindruckender Personenspürhundeeinsatz, der im Kollegenkreis zu großer Begeisterung führte."

Bericht einer Rettungshundestaffel über Einsatzfähigkeit

Rettungshundestaffel Bergstraße-Odenwaldkreis e. V./Alexander Peschge

Im März haben wir nach teilweise zehnjähriger Rettungshundearbeit unsere alte Staffel verlassen und die freie Rettungshundestaffel Bergstraße-Odenwaldkreis e. V. gegründet. Nach dem alten Ausbildungskonzept mussten wir feststellen, dass wir im Bereich Mantrailing auf der Stelle traten und keinen Schritt weiterkamen. Uns wurde von den Ausbildern nicht viel Mut gemacht. „Der Hund wird niemals einsatzfähig", war nur einer der Sätze, die wir zu hören bekamen.

Anke Stumpf, ein Mitglied, das ebenfalls die neue Staffel mitgründete, durchstöberte jede Menge Bücher und das Internet und blieb bei K-9 hängen. Das Konzept klang vernünftig und überzeugend und wir nahmen sogleich Kontakt auf. Der uns am nächsten gelegene K-9-Stützpunkt, das „K-9-Suchhundezentrum Hessen-Süd", wird von Ines Kiene geleitet. Sie erkannte gleich in den ersten Trainings die „Probleme" unseres Trailteams, und schnell war man sich über die weitere Ausbildung einig. Bereits im Juni verfügte die Staffel über die polizeiliche Abnahme und den Kooperationsvertrag mit dem Land Hessen für die Flächensuchen. Bis August war die Staffel bereits auf 20 Helfer mit und ohne Hund angewachsen und man konnte acht geprüfte Flächenhunde und drei geprüfte Trümmerhunde vorweisen. Zudem zehn Flächenhunde in Ausbildung. Besonders stolz war man, dass man noch zwei zusätzliche Trailer gewinnen konnte, die ebenfalls durch K-9 ausgebildet wurden. Im September haben wir dann eine organisationseigene Trailprüfung mit Prüfern aus Schwaben abgehalten. Unsere beiden Teams haben dort bestanden und die Einsatzfähigkeit erhalten. Im Oktober erfolgte die Überprüfung des ersten Trailers bei der Polizei in Mühlheim am Main durch Herrn Günther. Mit Erfolg. Goby ist der erste polizeilich überprüfte Trailer für Südhessen. Hätten wir nicht auf Nachdruck von Anke das alte System verlassen und wären nicht zu K-9 gewechselt, hätten wir diesen Erfolg nicht einfahren können. Besonders wertvoll war auch die Schulung der Helfer durch Ines Kiene und ihr Team. Unsere Leute haben gelernt, die Hunde zu lesen und zu verstehen, und dafür sind wir dankbar, denn dadurch hat der Hundeführer eine wertvolle Unterstützung bei Einsätzen. Manchmal ist es nur wichtig, nicht aufzugeben, den richtigen Weg für sich und seinen Hund zu finden.

Einsätze mit PSH aus Sicht einer Kriminalhauptkommissarin

Gabriela Weber, Münchner Kriminalhauptkommissarin a. D.

Während meiner langjährigen Tätigkeit beim Kriminaldauerdienst des Münchner Polizeipräsidiums war ich sowohl in der Einsatzleitung wie auch vor Ort im direkten Einsatzgeschehen sehr oft mit der Suche nach vermissten Personen konfrontiert. Ausgebildete Suchhunde zum Ausarbeiten einer Spur und Absuchen eines Geländebereichs standen uns zur Verfügung und leisteten hervorragende Arbeit. Ihrer Verwendung setzten jedoch Untergrundbeschaffenheit, Tatablauf oder Tatörtlichkeit sehr oft Grenzen. Die Idee des Suchens einer Spur über den Individualgeruch der verursachenden Person wurde jedoch zunächst als den Filmstudios Hollywoods entsprungen abgetan. Als Alexandra Grunow und Rovena Langkau dem Polizeipräsidium München ermöglichten, sie mit ihren damals schon hervorragend ausgebildeten Personenspürhunden in die Vermisstensuche mit einzubinden, waren neben vielen begeisterten

Stimmen auch unendlich viele Zweifler und Skeptiker gegenwärtig. Diese verstummten jedoch sehr schnell, als das Resümee der ersten Einsätze durchweg positiv war. Schnell zeigte sich, dass der Einsatz eines Mantrailingteams von K-9 bzw. der angegliederten Staffel die vielfältigsten Verwendungsmöglichkeiten in der kriminalpolizeilichen Sachbearbeitung bot. Sicherlich war oft die vorrangige Erwartungshaltung der eingesetzten Hundeführer, die vermisste Person zu finden. Aber selbst wenn der Trail manchmal nicht direkt zum Gesuchten führte, so brachte die Suche doch wertvolle Erkenntnisse zum Geschehensablauf, neue Ermittlungsansätze, ermöglichte den Einsatz weiterer Spezialeinsatzkräfte und trug damit letztendlich ebenfalls maßgeblich zu einer Klärung des Falles bei. Teamwork war hier der Schlüssel zum Erfolg. Inzwischen ist der Mantrailer fest in die Polizeiarbeit integriert und daraus nicht mehr wegzudenken. Die Einsatzmöglichkeiten eines derart ausgebildeten Suchhundes sind bei Weitem noch nicht am Limit. Die Praxis lehrt uns laufend, dass die Riechleistung dieser Hunde unsere Vorstellungen bei Weitem übertrifft. Nichts ist unmöglich! Eine Erkenntnis, die fasziniert und nicht nur mich völlig in ihren Bann gezogen hat. Gerade diese Vielfältigkeit der Einsatzmöglichkeiten stellt die Personensuchhunde und deren Hundeführer laufend vor neue Herausforderungen, bei deren Bewältigung neben Sachverstand und guter Ausbildung, Erfahrungswerte in Theorie und Praxis für den Hundeführer von enormer Hilfe sind. Alexandra Grunow und Rovena Langkau geben mit diesem nun hier vorliegenden Buch tiefe Einblicke in ihren Erfahrungsschatz, den sie durch unzählige Einsätze mit ihren Hunden gewinnen konnten. Sie haben hiermit die einmalige Möglichkeit geschaffen, von zwei absoluten Profis Empfehlungen und Tipps aus der Praxis zu gewinnen, sowohl für Mantrailer im aktiven Einsatzgeschehen wie auch für reine Hobbytrailer gleichermaßen interessant und lehrreich. Ich wünsche dem Buch viel Erfolg.

Exkurs: Einsatz von ausgebildeten Tiersuchhunden

Dr. Andrea Thiess-Blanke, Tierärztin, Dozentin und Hundeführerin im Bereich Tiersuche über den Einsatz von ausgebildeten Tiersuchhunden

In letzter Zeit kommen vermehrt Anfragen von Tierhaltern, um nach vermissten Tieren zu suchen. Im Folgenden soll auf diese Spezialisierung näher eingegangen werden. Auch hier muss eine klare Trennung zur (Menschen-)Rettungsstaffel und Ausbildung der Hunde erfolgen. Die Organisationen, die sich der Rettung von Menschen verpflichtet haben, könnten es nicht rechtfertigen, einen eventuellen Einsatz beim Menschen ablehnen zu müssen, nur weil sie kurz davor auf Tiersuche waren und die Hunde müde sind und eine Pause brauchen. Aus diesem Grund gibt es speziell ausgebildete Hunde, die sogenannten Tiersuchhunde.

Einsatzgründe bei Hunden

Es gibt die vielfältigsten Gründe, warum ein Tier vermisst wird. Der Klassiker ist der Hund aus dem Tierschutz, der erst kurz bei seinem neuen Besitzer ist. Er ist scheu und ängstlich Menschen gegenüber und hat zu dem neuen Besitzer keinerlei Bindung aufgebaut. Durch einen Zufall, wie gleichzeitiges Öffnen der Haus- und Gartentür, entkommt er oder er erschrickt auf dem Spaziergang und reißt sich los. In der Kombination mit einer noch vorhandenen anhängenden Leine ist dann Dringlichkeit geboten. Zu leicht könnte der Hund hängen bleiben und sich strangulieren, insbesondere wenn die Leine an einem Halsband befestigt ist. Auch der jagdlich ambitionierte

Hund, der vom Besitzer mit Schleppleine geführt wird, kann eine Spur aufnehmen und mit anhängender Schleppleine Wild nachsetzen. Je nach Material der Leine verheddert er sich früher oder später im Gebüsch, Mais- oder Rapsfeld und bleibt hilflos hängen, falls es ihm nicht gelingt, aus Brustgeschirr bzw. Halsband zu schlüpfen. Die Nachsuche mit anhängender Leine hat immer absolute Priorität und sollte baldigst beginnen. Bei Hunden ohne anhängende Leine und die ansonsten eine gute Bindung zum Besitzer haben, ist damit zu rechnen, dass sie versuchen werden, zum Ausgangspunkt zurückzukehren. Weshalb die Tierbesitzer beraten werden sollten, an diesem Punkt auszuharren oder zumindest etwas mit persönlichem Geruch (Jacke, T-Shirt etc.) dort liegen zu lassen. Zum Teil hat der entlaufene Hund erst nach mehreren Stunden bis Tagen dorthin zurückgefunden. Auch das gewohnte Auto mit geöffneter Kofferraumklappe und Hundebox hat sich bewährt. Die Hunde versuchen meistens in einem Bogen zurückzukehren, und sollten sie dann niemanden dort antreffen, laufen sie wieder weiter. Entscheidend ist, wie weit der Verschwindepunkt vom Zuhause entfernt liegt. Ist es ein bekannter Weg, der zu Fuß erreichbar ist, oder wurde mit dem Auto zu diesem Spaziergang gefahren? Oder befindet sich der Hund in einem ihm völlig unbekannten Gebiet, weil er dort „zu Besuch" ist (Urlaub, Hundepension etc.)? Bei einem dem Hund bekannten, öfter gegangenen Spazierweg ist damit zu rechnen, dass er allein den Weg nach Hause findet. Deshalb muss zu Hause dafür gesorgt werden, dass er hineinkann, durch das Auflassen der Gartentür, Garage, Terrassentür, und nach Möglichkeit eine vertraute Person anwesend sein. In einem dem Hund eher unbekannten Gebiet empfiehlt es sich, als Tierbesitzer immer wieder den gleichen Weg abzugehen, um so quasi eine Geruchsspur für den Hund zu legen, an der er sich orientieren kann. Auch hier ist es wichtig, dass am Verschwindepunkt ein Geruchsträger des Besitzers liegt, eventuell zusammen mit Futter.

Einsatzgründe bei Katzen

Bei vermissten Katzen gibt es ebenfalls verschiedene Gründe für ein Entlaufen. Es ist nicht nur der Freigänger, der nicht zur gewohnten Zeit zurückkommt. Auch sogenannte Wohnungskatzen können entwischen und sind draußen dann wesentlich orientierungsloser als die Freigängerkatzen. Sie entschlüpfen durch geöffnete Fenster/Türen, stürzen vom Balkon, klettern über den Zaun des Freigeheges (Tierpension), entkommen beim Transport zum Tierarzt oder in den Urlaub. Die Entfernungen sind oft nicht groß und die Katzen bleiben in einem bestimmten Areal. Abgesehen davon, dass sie unabsichtlich in Keller, Garagen, Gartenhäuschen eingesperrt werden, können sie auch in Lichtschächte o. Ä. fallen und sich nicht mehr selbst befreien. Weshalb auch hier eine Nachsuche sinnvoll sein kann. Trotzdem gestaltet sich die Nachsuche schwierig, da Zäune, Mauern und andere Hindernisse für Katzen kein Problem darstellen, der Suchhund aber jedes Mal in seiner Suche unterbrochen und gestört wird.

Für beide Tierarten, Hund und Katze, gilt auch die Dringlichkeit der Nachsuche, wenn der Verdacht auf eine Verletzung nach einem Autounfall vorliegt. Insbesondere bei Hunden kommt es vor, dass diese als Insasse eines an einem Verkehrsunfall beteiligten Autos, zwar unverletzt, aber völlig kopflos und in Panik davonlaufen. Zu panikartigem Davonlaufen kommt es auch, wenn die Tiere durch irgendetwas erschreckt werden, beispielsweise ein plötzlich auftretendes, lautes Geräusch, ein Schuss oder Silvesterknaller.

Hinweise an die Tierbesitzer

Verständlicherweise sind die betroffenen Tierbesitzer mit dieser für sie plötzlich eingetretenen und unerwarteten Situation oft überfordert, sodass es wichtig ist, sie entsprechend zu beraten. Wer alles von ihnen informiert werden sollte, ist dem Kasten zu entnehmen. Wichtig ist eine baldige Information der genannten Stellen, und hier sollte die Entfernung vom Verschwindepunkt nicht zu klein gewählt werden, denn es ist oft erstaunlich, welch weite Strecken manche Hunde in kürzester Zeit zurücklegen können. Ein Radius von 50 km um den Verschwindepunkt erscheint durchaus angemessen, solange noch keine Richtung des Entlaufens durch Sichtungen oder Suchhunde bestätigt ist. Sobald eine Richtung erkennbar wird, kann man die Suche auf diesen Sektor eingrenzen. Deshalb sind in der Tiersuche der Ausschluss bestimmter Areale und die Aussage „richtungsweisend" für den Tierbesitzer sehr wertvoll. Inwieweit der Tierbesitzer eine Belohnung aussetzen möchte, ist seine Ermessenssache, aber es kann durchaus hilfreich sein. Das Erwähnen der persönlichen Angaben auf den Suchplakaten sollte auf eine Handynummer beschränkt bleiben. Ein möglichst aktuelles Foto des Tiers mit kurzer Beschreibung (Größe, Farbe, Alter, Geschlecht) und die Angabe von Verschwinde- und Zeitpunkt (Datum, Uhrzeit) sollten genügen.

Wer & wie sollte informiert werden?

- Polizei, Berufsfeuerwehr, Straßenmeisterei, Gemeinde, Bauern
- Tierheime, Tierkrematorien, Tierarztpraxen und -kliniken, Tierrettung
- Tasso bzw. Deutsches Haustierregister (www.tasso.net; www.registrier-dein-tier.de)
- Suchplakate, Visitenkarten
- Anzeigen, lokales Radio, Facebook, Foren im Internet

Positiv wird der Hinweis aufgenommen, dass nach erfolgreichem Wiederfinden die Plakate wieder entfernt werden. Dies erhöht die Akzeptanz, sodass die angebrachten Plakate nicht gleich wieder abgerissen werden. Beim Anbringen der Plakate ist darauf zu achten, dass möglichst viele Menschen erreicht werden, also Bus-, Zugstationen, Postamt, Schulen, Kindergärten, Tiergeschäfte, Einkaufszentren, Rathaus, Sportstätten, Tankstellen, insbesondere auch dort, wo viele Hundebesitzer unterwegs sind, also bekannte Spaziergehwege und Parks. Es empfiehlt sich nachzufragen, ob man ein Plakat aufhängen darf, da unerlaubtes Plakatieren verboten ist. Menschen, die viel herumkommen, wie Briefträger, Zeitungsausträger, sollten ebenfalls informiert werden.

Ein guter Tipp ist auch das Anfertigen kleinerer Zettelchen in Visitenkartengröße, die großflächig verteilt werden sollten, wie unter die Scheibenwischer von parkenden Autos oder in Briefkästen. Der Vorteil ist, dass bei einer eventuellen Sichtung die Wahrscheinlichkeit, dass jemand die Handynummer des Tierbesitzers zur Hand hat, größer ist, als wenn er sich erst wieder erinnern muss, wo er das Suchplakat gesehen hat. Außerdem kam es schon vor, dass Hunde wie vom Erdboden verschwunden waren, und als in der durch die Suchhunde vorgegebenen Richtung engmaschig plakatiert wurde, sind die vermissten Hunde plötzlich wieder aufgetaucht oder wurden im Tierheim abgegeben.

Ein oder zwei besondere Kennzeichen oder Merkmale des verschwundenen Tiers sollten ebenso wie die Chipnummer nicht auf den Plakaten angegeben werden. Bei eventuellen Sichtungen und daraufhin erfolgenden telefonischen Hinweisen kann so eine genaue Identifizierung erfolgen und genauer nachgefragt werden, ob es sich wirklich um dieses Tier handelt. Unbedingt ist für eventuelle Rückfragen die Telefonnummer des Zeugen festzuhalten, und nach Möglichkeit sollte sich der Besitzer den genauen Sichtungspunkt persönlich zeigen lassen. Dies ist insbesondere für einen weiteren Einsatz von Tiersuchhunden entscheidend. Die Chipnummer des entlaufenen Tiers muss deshalb nicht angegeben werden, weil der Chip nur mit einem speziellen Lesegerät (Tierarzt, Tierheim) auszulesen ist und erst der endgültigen Identifizierung des Fundtiers dient, wenn es also bereits eingefangen ist. Nach dem Wiederfinden eine entsprechende Benachrichtigung an die vorher über das Verschwinden informierten Stellen sollte ebenso wie das Entfernen der Suchplakate selbstverständlich sein.

Anforderungen an ein Tiersuchteam

Ebenso wie an Personensuchhunde werden an den Tiersuchhund besondere Anforderungen gestellt und es sollten Prüfungen stattfinden. Momentan sind die Vorausetzungen für einen Tiersuchhund, der in Einsatz geht, festgelegt auf mindestens Leistungsstufe Grün (blind), geprüft nach K-9-Richtlinien mit einer zusätzlichen Pet-Trailer-Prüfung ebenfalls nach K-9-Richtlinien. Hierbei wird ein Hund bzw. eine Katze als Versteckperson gewählt, um den realen Bedingungen so nahe wie möglich zu kommen. Der Trail wird „blind" absolviert.

Bestandteile einer Tiersuchprüfung

Unabhängig vom Bestehen der Prüfung und zusätzlich zu den Voraussetzungen eines Personenspürhunds wird vor allem auf eine hohe Suchkondition und große Ausdauer Wert gelegt, da eine Spur oft über lange Strecken zu verfolgen ist. Ebenso wie der Personensuchhund sollte deshalb eine hohe Motivation bei dem Hund vorliegen und keine Probleme beim Ausarbeiten von alten Spuren, ebenso wenig wie bei der Überlagerung von alten mit neuen Spuren und dem häufig vorhandenen Startpool gegeben sein. Eine zuverlässige Negativanzeige ist erforderlich sowie eine gute soziale Verträglichkeit zu anderen Hunden und Tierarten. Da manchmal das unwegsame Gelände eine Freisuche notwendig macht, weil für den Hundeführer im Dickicht kein Durchkommen möglich ist, wäre ein Hund von Vorteil, der nicht jagt, zuverlässig abrufbar und auf Zuruf bzw. Handzeichen gut steuerbar ist.

Anforderungen an den Tiersuchhund

- Hohe Motivation und Frustrationstoleranz
- Große Ausdauer und Suchkondition
- Soziale Verträglichkeit mit anderen Tieren, jagt nicht (auch Freisuche möglich)
- Zuverlässige Negativanzeige
- Gutes Arbeiten auf alten Spuren und mit der Unterscheidung Alt/Neu
- Sicherer Umgang mit Pool (unklarer Ansatzpunkt)
- Akzeptiert auch kontaminierten Geruchsartikel (Suchintelligenz)

Hunde, die aus dem Tierschutz kommen und an menschlichen Versteckpersonen nicht unbedingt interessiert sind, da sie schlecht auf Menschen sozialisiert sind, eignen sich interessanterweise gut für die Nachsuche auf andere Hunde. So können sie ihre artgerechte Auslastung in der Tiersuche finden, zumal diese Hunde oft gleichzeitig Probleme mit der hohen Ablenkung in städtischer Umgebung haben.

Unterschiede zur Personensuche

Die Anforderungen an den Hundeführer sind vergleichbar denen der Personensuche. Neben der hohen Motivation sollte eine gewisse Leidensfähigkeit bestehen sowie die Bereitschaft, viel Zeit zu investieren. Es sollte angestrebt werden, nur mit mindestens zwei geprüften

Teams auf einen Einsatz zu gehen, aber zum jetzigen Zeitpunkt lässt sich das mangels fehlender einsatzfähig ausgebildeter Mensch-Hund-Teams noch nicht immer verwirklichen. Die Notwendigkeit, einen Hund zu suchen, macht es deshalb oft erforderlich, auf sich allein gestellt die Nachsuche aufzunehmen. Es empfiehlt sich, die Adresse des Einsatzortes und die Daten des Tierbesitzers vorher zu hinterlegen. Zumindest ein weiterer Helfer sollte vorhanden sein. Zunächst fehlt die Unterstützung durch andere ergänzende Einsatzkräfte, wie die Polizei, die Straßen sperren oder Bahnlinien absichern kann. Als Ausbildung sind auch hier vergleichbare Kenntnisse in Karte/Kompass/GPS usw. notwendig, um die Orientierung im Gelände zu gewährleisten. Wünschenswert wären eine Fortbildung über Verhalten (Bayerischer Hundeführerschein der LBTK bzw. der D.O.Q.-Test 2.0) und das Ablegen eines Erste-Hilfe-Kurses für Tiere.

Erschwernisse des Tiersucheinsatzes

- Scheue oder verschreckte Tiere „wollen" nicht gefunden werden (Tierschutz, Straßenhunde)
- Wenn sie nicht eingesperrt sind oder irgendwo festhängen, laufen die Tiere weiter umher und es kommt zu Spurüberlagerungen.
- Nur wenige einsatzfähige Teams vorhanden
- In der Regel keine Unterstützung und Absicherung durch die Polizei (Straßen, Bahngleise)
- Späte Alarmierung (oft 3–5 Tage)
- Qualität des GA: meist von Familie und anderen Haustieren kontaminiert, nicht sauber (Mehrhunde- bzw. -katzenhaushalt)
- Unwegsames Gelände (Wald, Dickicht, Maisfelder, Gärten/Zäune)
- Oft Start aus dem Pool (zusätzliche Schwierigkeit: Mehrhunde- bzw. -katzenhaushalt)
- Viel Überlagerung von alten und neuen Spuren (gewohnte Spaziergehwege, Tiere gehen hin und her bei der Suche nach dem Besitzer oder beim Verfolgen von Wild)

- Sehr versteckte Fundorte (Verkriechen), vorsichtige Annäherung
- Problematik der Tiersicherung, Zugriff, Einfangen
- Wenig bis kaum Feedback, Weg/Trail kaum nachvollziehbar/überprüfbar/erfragbar
- Aufwendiges Training (Tiere als VP)

Problematisch ist zudem die erst relativ spät, im Schnitt zwischen drei bis fünf Tagen, erfolgende Alarmierung, da die Tierbesitzer über die Möglichkeit der Tiersuche bis jetzt nur unzureichend informiert sind und über die Existenz von speziell ausgebildeten Tiersuchhunden nichts wissen. Die Aufklärung hat sich allerdings in letzter Zeit massiv verbessert, die Alarmierungen der K-9-Tiersucher haben sich verfünffacht. Bis zu welchem Zeitpunkt noch nachgesucht werden sollte, liegt in dem Ermessen des Hundeführers, der beurteilen muss, inwieweit dies für seinen Hund noch sinnvoll erscheint, um eine annähernd gesicherte Aussage treffen zu können. Auch hier können die Suchhunde häufig weit mehr, als man ihnen zutraut.

Einsatztaktik

Ergänzend zur üblichen Vorgehensweise bei der Personensuche (abseits des Einsatzortes parken, Hund vorerst im Auto lassen, entsprechende Kleidung und Ausrüstung, Karte vom Einsatzort vorbereiten, Trailaufzeichnung mit GPS und Fotos zur Dokumentation) gibt es einige Punkte zu nennen, die für eine erfolgreiche Tiersuche wichtig sind. Bei einem Tiersucheinsatz sollte die Ausrüstung des Hundeführers ergänzt werden durch ein Erste-Hilfe-Set für Tiere und neben Futter zum Anlocken eine Fangleine zur Tiersicherung enthalten. Ob weitere Hilfsmittel zur Tiersicherung wie z.B. ein Blasrohr zur Betäubung im Einsatzgepäck sein sollten, hängt von der Qualifikation der Suchteams ab.

Vorbereitung

Der betroffene Tierbesitzer sollte gebeten werden, im Vorfeld mit den Nachbarn zu sprechen, ob z. B. die anschließenden Gärten/Grundstücke betreten werden dürfen, wobei die Nachbarn die eigenen Hunde und Katzen während des Zeitraums der Suche im Haus behalten sollten. Eine ständige Unterbrechung oder Ablenkung während der Nachsuche wäre störend für den Hund. Prinzipiell darf ein fremdes Grundstück ohne Erlaubnis bzw. Polizeibegleitung wie bei der Menschensuche nicht betreten werden, das wäre Hausfriedensbruch. Im freien Gelände sind der zuständige Förster/Jäger oder betroffene Bauer zu informieren und gegebenenfalls um Erlaubnis zu bitten, ob Wald- bzw. Feldwege mit dem Auto befahren werden dürfen, um näher an den Einsatzort zu gelangen oder sich von einem Begleitfahrzeug unterstützen zu lassen (Rückweg, Nachsetzen zum Austausch der Suchhunde).

Eventuelle Sichtungspunkte tragen wir mit Uhrzeit, Datum und der Handynummer des Zeugen für eventuelle Rückfragen in eine Karte ein, um einen Eindruck vom Bewegungsmuster des entlaufenen Tiers zu erhalten. Wichtig ist ebenfalls zu wissen, wer wo bereits überall gesucht hat, insbesondere wenn andere Hunde aus der Familie oder dem Freundeskreis zur Suche mitgenommen wurden. Ebenso sollten die normalen Spaziergehwege berücksichtigt werden.

Ein sich näherndes Suchhundeteam ist für das entlaufene Tier beunruhigend und es entzieht sich deshalb dem Zugriff insbesondere durch die ihm fremden Personen. Kann ein Gebiet von den Suchhunden eingekreist werden, empfiehlt es sich, den Besitzer am besten mit einem weiteren vertrauten Haustier (Hund) dort hinzubringen. Dies macht natürlich nur bei gut an den Besitzer gebundenen Tieren Sinn. Bei einem frisch angekommenen Hund aus dem Tierschutz nicht. Da besteht eher die Gefahr, das Tier durch die Suche immer weiter wegzutreiben. Wir haben es schon erlebt, dass gut sozialisierte Katzen und Hunde auf das Rufen ihrer Besitzer geantwortet haben und, wenn sie nicht eingesperrt waren oder irgendwo festhingen, dankbar gekommen sind. Ebenso, dass sie später in einem gewissen zeitlichen Abstand nachgefolgt sind und so den Weg nach Hause gefunden haben. Als Hinweis für den Tierbesitzer wäre auch zu nennen, dass er in der Nacht suchen soll. Insbesondere bei scheuen Hunden und Katzen empfiehlt es sich, zwischen zehn Uhr abends und den frühen Morgenstunden zu suchen. Mithilfe einer guten Taschenlampe können in Schuppen, Holzstößen oder im Dickicht bzw. Maisfeld die reflektierenden Augen des gesuchten Tiers erkannt werden. Die Geräusche der Umgebung sind leiser und ein eventuelles Antworten des Tiers kann gehört werden. Auch empfinden scheue Tiere dies weniger beunruhigend und kommen eher aus ihrem Versteck.

Geruchsartikel (GA)

Den oft nur in geringer Auswahl zur Verfügung stehenden GAs haftet fast immer auch der Geruch der Tierbesitzer an. Als GAs eignen sich Halsbänder, Spielzeug, Mantel, Handtuch zum Abtrocknen, Liegedecke, Transportbox, Haarbürste. Oft wurde der einzige verwendbare Gegenstand bereits von dem Tierbesitzer in irgendeine, manchmal auch noch gebrauchte Tüte gegeben, Decken sind bereits gewaschen worden. Ganz ungünstige Vorrausetzungen liegen vor, wenn sich mehrere Tiere in der gleichen Wohnung befinden. Dann muss genauestens versucht werden, über die Gewohnheiten des vermissten Tiers Auskunft zu erhalten, um einen einigermaßen brauchbaren GA zu gewinnen. In jedem Fall sind ausreichend viele Geruchskopien mit sterilen Kompressen, im Idealfall mit 20 Minuten Einwirkzeit, herzustellen und getrennt aufzubewahren (Glas), um für jeden einzusetzenden Suchhund einen frischen GA zur Verfügung zu haben.

Für eventuelle zukünftige Sichtungen ist es sinnvoll, genügend zusätzliche Kopien anzufertigen und entsprechend aufzubewahren. Es ist auch schon vorgekommen, dass wir den Tiersuchhund direkt in der Wohnung, dem Gehege oder am Liegeplatz im Auto angesetzt haben. Überflüssig zu erwähnen, dass der benutzte GA am Start verbleiben soll, um dem nachfolgenden Suchhund, der vielleicht zur Bestätigung der Suchrichtung eingesetzt wird, nicht eine falsche Spur zu legen. Erfahrungsgemäß orientieren sich die Hunde nur am Individualgeruch des ihnen fremden Tiers, von dem der GA stammt, und ignorieren die Gerüche der übrigen, bekannten Hunde aus der Staffel. Durch den Mangel an Einsatzkräften begleiten sich Tiersucher häufig gegenseitig als Helfer, sodass die gewünschte Unvoreingenommenheit des nachfolgenden Hundeführers selten gegeben ist. Den Suchhund dennoch neutral zu trailen, ist sehr wichtig und muss unbedingt trainiert werden. Die Auswahl der Reihenfolge der Suchhunde erfolgt vergleichend zur Menschensuche nach deren Eignung bzw. Spezialisierung (der sichere Starter, sicherer Anzeiger für Negativüberprüfungen, Hunde mit hoher Suchausdauer für lange Strecken …) und ist abhängig davon, welcher Hund am Einsatzort zur Verfügung steht, da bei den Tiersucheinsätzen häufig nur ein bis zwei einsatzfähige Hunde vorhanden sind. Wir beachten dennoch, dass wir die Hunde rechtzeitig aus der Suche nehmen, wenn Ermüdungserscheinungen auftreten oder die Aussage unklar wird, also von einem anderen Hund ggf. am anderen Tag überprüft werden muss.

Tiersicherung

Die Vorstellung, dass der Tiersuchhund beim Entlaufepunkt ansetzt und bis zum vermissten Tier hinführt, das dann auch noch an dieser Stelle verbleibt und nicht wegläuft, ist fast nur im Idealfall des Übungstrails vorhanden. Der Hinweis durch den Hundeführer „richtungsweisend“ ist die am häufigsten getroffene Aussage. Sollte während einer Tiersuche das Tier gesichtet werden, sollte der Hundeführer äußerst behutsam vorgehen, um das vermisste Tier nicht zu beunruhigen und vor sich herzutreiben. Gegebenenfalls ist die Suche sofort zu beenden, um dem begleitenden Tierbesitzer Gelegenheit zu geben, Kontakt zu dem Tier aufzunehmen. Der endgültige Zugriff auf ein entlaufenes Tier gestaltet sich oftmals sehr schwierig. Insbesondere scheue, ängstliche Hunde aus dem Tierschutz, womöglich erst seit kurzer Zeit vermittelt, stellen hier ein Problem dar. Diese Hunde, die ein „Leben auf der Straße“ gewohnt sind, fallen in ihr ursprüngliches Verhalten zurück und ziehen immer weiter. Sie wollen gar nicht gefunden und aufgegriffen werden. Auch ist damit zu rechnen, dass sich die Tiere verstecken. Insbesondere Katzen „drücken“ sich, auch wenn nur der Besitzer sich nähert. Die einzige Lösung in so einem Fall bietet meist nur das Einrichten einer Futterstelle, möglichst in Kombination mit einer fest installierten Fotokamera (Fotofalle). Durch diese Maßnahmen kann es gelingen, das Tier zu motivieren, immer wieder zu dieser Stelle zurückzukehren und sich an diesen Ort zu gewöhnen. Später kann mit einer Kastenfalle versucht werden, das Tier einzufangen. Eine gewisse Grundkenntnis im Lesen von Tierspuren, zur Unterscheidung der Spuren von Hund, Katze und Fuchs, sind hierbei ebenfalls hilfreich.

Training

Die Spezialisierung auf die Tiersuche macht ein angepasstes, regelmäßiges Training zur Voraussetzung, um nach bestandener Prüfung erfolgreich in den Einsatz gehen und zuverlässige Aussagen bzw. Hinweise dem Tierbesitzer geben zu können. Sicherlich ist das korrekte Legen eines Übungstrails mit einem Tier als Versteckperson (VP) noch zeitaufwendiger, da der Hund unterwegs an verschiedene Personen übergeben werden muss, weshalb oft „nur" mit menschlichen VPs trainiert wird. Trotzdem ist von Zeit zu Zeit zu trainieren, damit die Hunde auf einer Tierspur zum Erfolg kommen. Sie sollen nicht die Verknüpfung herstellen, nur bei menschlichem Geruch Erfolg zu haben und meist nicht auf einer Tierspur, falls sie diese Unterscheidung machen und die Individualgerüche zuordnen. Um die Motivation hochzuhalten, ist dies deshalb sicherheitshalber wichtig. In das Training sind die Besonderheiten, die für die Tiersuche zutreffen, nach und nach und immer wieder einzubauen. Zu den Schwierigkeiten gehört das Unterbrechen und wieder Neuansetzen während der Suche oder das Umwegsuchen bei auftretenden Hindernissen. Ein eigenes großes Thema ist das Sichern der Tiere.

Trotz der schwierigen Begleitumstände gestaltet sich die Thematik, nach einem vermissten Tier zu suchen, als interessante und lohnenswerte Aufgabe. Der Stellenwert als Familienmitglied und die durchaus große Sorge der Tierbesitzer über den Verlust und vor allem die Ungewissheit über den Verbleib eines geliebten Tiers, beunruhigt die Menschen zutiefst. Diese Menschen bereits mit Hinweisen zu unterstützen und ihnen eine Richtung vorzugeben, in der eine weitere Suche fortgeführt werden könnte, stellt den Reiz für dieses Einsatzgebiet dar und rechtfertigt den Aufwand.

Epilog

Unser Wunsch ist es, das Denken ambitionierter Hundeführer dahin gehend zu verändern, dass Freizeittrailer deutlich von Einsatztrailern getrennt werden. Eine Vermischung ist absolut nicht erwünscht und kann im schlimmsten Fall Menschenleben kosten. Durch die Prüfungsstufen im Sportbereich können sich Amateurtrailer selbst besser einschätzen. Damit wird Leistung vergleichbar, Trailen messbar. Ein im Sportbereich geprüfter Trailer wird zunächst keinen Anspruch auf eine Einsatzfähigkeit erheben. Er sieht den weiten Weg bis zum Profi. Um den ambitionierten Trailern aber eine Chance zu geben, sich zu messen, haben wir Trailen als Hundesport und den Begriff „Sporttrailen" eingeführt. Meisterschaften im Sporttrailen wurden von uns entwickelt, getestet, organisiert und erfolgreich durchgeführt. Bei den Ersten Deutschen Meisterschaften waren bereits Teams aus den unterschiedlichsten Trailrichtungen vertreten. Seit November 2013 gibt es auch einen Dachverband für Sporttrailer, den DTV (Deutscher Trailverband; www.deutscher-trailverband.de).

Auch sollte bei einer Vermissung sorgsam mit den betroffenen Familienangehörigen umgegangen werden. Ein riesiges Aufgebot nachts um drei vor der eigenen Haustür in einem ruhigen Wohngebiet, und sei es noch so gut gemeint, ist nicht gerade das, was man sich in diesem Moment an Unterstützung erhofft. Den Startpunkt mit den Autos der gesamten Staffelmitglieder zuparken, das Notstromaggregat lautstark anwerfen, den Einsatzbus mit laufendem Motor stehen lassen, zig Einsatzkräfte, die sich auf der Straße unterhalten, das alles sorgt sicher nicht für Begeisterung in der Bevölkerung und muss vor allem zunächst auch gar nicht sein – mal abgesehen von der Erschwernis für die Arbeit der Hunde. Man kann sich nicht unsichtbar machen, das ist klar, aber ein dezenteres Vorgehen ist sicher machbar. Ein etwas abgelegener Sammelplatz vom Wohnort des

Vermissten, eine professionelle Koordination und Kommunikation zwischen Flächensuchern, Trailern und Polizei sind daher wünschenswert. Ein gutes Beispiel ist hier das Stadtgebiet München. Hier haben sich die Staffeln in einem Arbeitskreis zusammengefunden. Der jeweils diensthabende Leiter Rettungshunde ist im Einsatzfall der Vertreter der Staffeln bei der Polizei, die somit einen Ansprechpartner hat. Qualität zu sichern ist den einsatzfähigen K-9-Trailern ein Anliegen. Sie gehören den unterschiedlichsten Organisationen an und unterziehen sich selbst regelmäßig strengen Prüfungen, Tests und einsatztaktischen Schulungen. Leider wird vielen Trailern durch den Besuch eines Wochenendseminars sogenannter Profis suggeriert, dass sie dann mit erworbenen Zertifikaten in den Einsatz gehen können. Hier wären zusätzliche Überprüfungen durch Trailexperten der Polizei in Deutschland wünschenswert, um eine Selbstüberschätzung zu vermeiden. Nur ein selbstkritischer Einsatztrailer kann auch erfolgreich sein. Und ein Trailer bringt noch lange keinen Erfolg, wenn er nicht auch Einsatztaktik beherrscht und ein gut geschultes, eingespieltes Team um sich hat. Der Trailer muss die Geschichte der Spur erzählen können, um von Nutzen zu sein. Selten kann eine Person direkt aufgefunden werden, aber oft kann der Polizei ein Ergebnis mitgeteilt werden, um weitere Ermittlungen anstellen zu können.

Gut zu trailen und in den Realeinsatz zu gehen sind zwei Paar Stiefel. Einsätze sind sehr komplex, oftmals ist es eine harte, anstrengende Arbeit, die an die körperlichen und psychischen Grenzen der Teams geht. Ein gutes Zusammenspiel von Einsatzkräften, Erfahrung und die richtige Taktik sind in vielen Fällen entscheidend. Wird z.B. bei einer Vermissung durch Unwissenheit oder Ignoranz unachtsam mit den vorhandenen Geruchsartikeln umgegangen, sinkt die Erfolgschance um ein Vielfaches. Dann erfährt die Polizei keine Unterstützung, sondern wird eher in die Irre geführt und Einsatzkräfte werden zulasten des Vermissten in falschen Richtungen abgearbeitet.

Art der Prüfung

Nicht nur die Länge und das Alter eines Trails machen den Schweregrad einer Prüfung aus, sondern die Inhalte (gelegten Schwierigkeiten wie „P“, „U“, Spurdifferenzierung, alte Spuren, Zeitsprünge etc.). Es können bereits 500 Meter schwierig sein, wenn der Hund falsch trainiert ist. Spurdifferenzierung spielt dabei eine große Rolle, ebenso das Heranarbeiten im Endpool. Insgesamt ist es sehr erfreulich, wenn sich Hundeführer überhaupt Prüfungen mit neutralen Richtern, egal welcher Organisation, stellen und nur mit einem erfolgreich bestandenen Test in den Einsatz gehen. Steigt man auf dem Weg in den Urlaub in eine Boeing, geht man auch davon aus, dass der Pilot den Flugschein samt Prüfung bestanden und nicht nur ein paar Flugstunden genommen hat. Wir unterscheiden auch in der Prüfung zwischen den beiden Sparten Forensik und Rettung. Eine Einsatzfähigkeitsprüfung der ersten Stufe sollte mindestens 1000 Meter lang in einem belebten Wohn- oder Stadtgebiet sein und mehrere der oben aufgezählten Schwierigkeiten enthalten. Das Alter der Spur kann zwischen zwölf Stunden und drei Tagen oder mehr betragen. Auf keinen Fall ausreichend ist eine „One Way“ gelegte Spur, bei der die (im Fall einer Prüfung versteckte) Person einfach von A nach B läuft, egal wie lang die Strecke auch sein mag.

Alte Spur, uralte Spur?

Das Alter der Spur ist ein heiß diskutiertes Thema. Dabei spielt es für den Hund selten eine große Rolle bei der Suche, sondern wie der PSH aufgebaut und trainiert wurde. Es gibt unserer Erfahrung nach nur wenige Hunde, die mit dem Alter der Spur ein wirkliches Problem haben. Meist liegen Ausbildungsfehler vor. Hat der Hund beispielsweise eine eigenständige Problemlösung und das Handwerkszeug richtig gelernt? Blendet er frischere Spuren, die über dem Trail liegen – womöglich noch von Angehörigen – einfach aus? Dann wird auch das Alter der Spur nicht sein Problem sein. Die Frage stellt sich, wie seriös monatealte Trails sind, denn kaum jemand kann dies regelmäßig trainieren. Im Fall einer klassischen Vermissung kommt eine solche Aufgabenstellung auch so gut wie nie vor und ist daher irrelevant. Der Trailer wird in der Regel zeitnah alarmiert, um die vermisste Person noch lebend aufzufinden. Bei Forensikfällen wird das Arbeiten einer sehr alten Spur aber des Öfteren benötigt. Ein gut aufgebauter Trailer kann mit einem guten Referenzgeruch de facto auch viele Wochen alte Trails lösen!

Personenspür- und Flächenhunde

Vor allem das Zusammenspiel von Personenspürhunden (Mantrailern) und Flächenhunden ist in vielen Rettungseinsätzen von Erfolg gekrönt. Geschickt kann man die Stärken von beiden nutzen und so effektiv schnell finden. Ist der Trailer bereits unterwegs, sollte der Nahbereich routinemäßig kreisförmig um den Verschwindepunkt abgesucht werden. Durchaus kann der Vermisste auf dem Rückweg nach einem Rundkurs zu Schaden gekommen und damit unweit des Startpunkts sein. Da der Trailer je nach Windrichtung und Suchhundetyp den gelaufenen Weg verfolgt, würde es noch eine Weile andauern, bis er an der Zielperson ankommt. Diese Zeit kann durch einen Flächenhund extrem verkürzt werden. Ebenso kommt es bei Totpool oder in schwierigem, unwegsamem Gelände häufiger vor, dass es keinen Sinn macht, mit dem Trailer an der Leine weiterzusuchen, wenn man Flächenhunde hat und es effektiver und schneller ist, das vom PSH eingekreiste Gebiet von einem Flächenhund absuchen zu lassen. Deshalb: Lieber gegebenenfalls rechtzeitig an die Flächenhunde abgeben als mit dem Trailer ewig durch Gestrüpp heranarbeiten.

Entscheidend ist im Einsatz vor allem die Vorarbeit bei der Geruchsgewinnung und der intensiven und geschickten Befragung der Angehörigen. Wer sichert die Geruchsartikel, sind genügend Geruchsartikel auch für die nachfolgenden Hunde vorhanden? Einschätzung der Qualität? Welche Person war noch an den GA dran? Wie wird damit im Verlauf des Einsatzes umgegangen? Zu vermeiden gilt es immer, dass derjenige, der die Geruchsartikel sichert (und somit sehr wahrscheinlich auch kontaminiert, egal wie vorsichtig er ist) ein Hundeführer oder Helfer ist, der vom Start weg eine weitere Spur legt. Am besten bleibt derjenige, der die Geruchsartikel sichert auch am Startpunkt. Dies bezieht sich in der Regel nur auf Einsätze aus dem Bereich Rettung. In Forensikfällen sichert man sich keine Referenzgerüche selbst, sondern bekommt diese direkt (meist eingeschweißt und nummeriert) von der zuständigen Polizei. Zu vermeiden gilt es auch, ein Kleidungsstück der vermissten Person, womöglich noch in einer offenen Tüte, über den Trail mitzutragen. Vor allem feinnasig trainierte Hunde nehmen den Geruch deutlich war.

Was viele nicht wissen: Ehrenamt

Die Mitglieder aller Rettungshundestaffeln leisten wie andere Rettungshundeführer verschiedener Hilfsorganisationen ihren Dienst ehrenamtlich und stehen der Polizei, aber auch der Bevölkerung, Pflegeeinrichtungen oder Schulen rund um die Uhr *kostenlos* zur Verfügung. Die Staffeln finanzieren sich ausschließlich über Spenden. Über viele Jahre hatten z. B. die „Mantrailer & Rettungshunde Starnberg e. V." (www.rhs-starnberg.de) an die hundert Alarmierungen jährlich. Durch die zahlreichen Einsätze sammelten sie ihre Einsatzerfahrung und konnten viele Menschenleben retten. Die Kosten für Ausrüstung, Fahrten zu Trainings und Einsätzen, Verdienstausfall etc. sind hoch und werden oft von den Mitgliedern selbst getragen.

Zusammenarbeit

Eine gute Zusammenarbeit zwischen der Polizei und den Rettungshundeführern ist die Grundlage des Einsatzerfolgs. Von Vorteil ist es, wenn die zuständigen Kommissariate die Arbeit der Personenspürhundeführer kennen. Auf der anderen Seite können viele Dienststellen, die nicht ständig in der Vermisstensuche aktiv sind, auf die Erfahrung der Rettungshundestaffeln bauen, die sich einzig darauf spezialisiert haben. Eine frühe Alarmierung, intensive Befragung der Angehörigen oder des Pflegepersonals, eine korrekte Geruchsgewinnung und die richtige Einsatztaktik sind entscheidend. Auch ist die optimale Koordination zwischen Fläche und Trail wichtig, um die Kräfte geschickt und effizient einzusetzen.

Methodik oder nicht?

Es gibt beim Mantrailing verschiedene Ausbildungswege, die zu einem gut ausgebildeten Personenspürhund führen können. Wichtig ist hierbei, den richtigen Weg für sich zu finden, diesen in Ruhe zu gehen und sich dabei von einem erfahrenen Trainer, dem man vertraut, unterstützen zu lassen. Die Lehrmethode sagt dabei etwas über die inhaltliche Struktur der Ausbildung aus, wie wird Trailen den Teams (oder auch Trainern) in Theorie und Praxis vermittelt. Trailen kann sehr unterschiedlich aussehen. Manche nehmen nur eine Hand an die Leine und lassen diese locker durchhängen, andere arbeiten mit der Leine. Die Art und Weise wie eine Kreuzung gearbeitet wird, unterscheidet sich ebenfalls und vieles mehr. Das sind die verschiedenen Stile des Trailens.

K-9 Pro Rettung/Forensik

Einige Hundeführer/-innen haben sich seit Jahren auf die Personenspürhunde-Tätigkeit spezialisiert und sie zu ihrem Hauptberuf gewählt. Mit „K-9 Pro" können sie sich um die Entwicklung und Forschung sowie ein speziell aufgebautes und professionelles Training in den unterschiedlichen Sektoren Rettung und Forensik kümmern. Dieses Wissen stellen sie in Form von gut ausgebildeten Teams ihren unterschiedlichen Staffeln und den Kommissariaten der Bundesländer zur Verfügung.

Dank

Unser Dank gilt allen Freunden, K-9 Stützpunkt- und Zentrumsleitern, die uns dabei helfen, die Idee, Philosophie und Leidenschaft des qualitativ hochwertigen Trailens nach Grunow&Langkau im deutschsprachigen Raum zu verbreiten. Ebenso ein großer Dank an unsere Heimatstaffel „Mantrailer und Rettungshunde Starnberg e.V.", mit der wir seit Jahren gemeinsam durch dick und dünn gehen. Danke an die Polizeipräsidien München und Oberbayern Nord/Süd, insbesondere dem K11, K14 und KDD für die langjährige gute Zusammenarbeit. Wir möchten auch allen bayrischen Rettungshundestaffeln danken, die regelmäßig mit uns ehrenamtlich in Einsätzen sind und ihre Freizeit opfern. Und Danke den Firmen Interquell und Julius K9.

Nützliche Kontakte

K-9 Suchhundezentrum
Alexandra Grunow und Rovena Langkau
info@suchhundezentrum.de
www.suchhundezentrum.de

K-9 PRO
Alexandra Grunow, Rovena Langkau, Susanna Simon, Lydia Borgers
Tel.: 0172 86 407 06
info@k-9.de

Deutscher Trailverband (DTV)
info@deutscher-trailverband.de

Zum Weiterlesen

Bloch, Günther & Elli H. Radinger: **Wölfisch für Hundehalter.** Kosmos
Feddersen-Petersen, Dorit Urd: **Hundepsychologie**. Kosmos
Grunow, Alexandra & Rovena Langkau: **Mantrailing**. Kosmos
Hatt, Hanns & Regine Dee: **Niemand riecht so gut wie du**. Piper
Legrum, Wolfgang: **Riechstoffe, zwischen Gestank und Duft**: Vorkommen, Eigenschaften und Anwendung von Riechstoffen und deren Gemischen (Studienbücher Chemie). Vieweg und Teubner
Martinetz, Dieter u.a.: **Taschenbuch der Riechstoffe**. Harri Deutsch
Rauth-Widmann, Brigitte: **Die Sinne des Hundes**. Kosmos
Spektrum der Wissenschaft Spezial, 1/2002, **Gedächtnis**
Syrotuck, William G.: **Scent & the scenting dog**. Arner Publications. Wie die Hunde ihre Umwelt wahrnehmen.
Wilfling, Josef: Abgründe: **Wenn aus Menschen Mörder werden – der legendäre Mordermittler deckt auf**. Heyne

Register

Bildnachweis

Mit 7 Farbfotos von Frank Boxler (Farbtafel 1) und Heiko Junge (alle weiteren). Mit 9 Illustrationen von Rovena Langkau und einer Illustration von Wolfgang Lang (Farbtafel 11 oben).

Impressum

Umschlaggestaltung von eStudio Calamar unter Verwendung von zwei Farbzeichnungen von Martin Haake.

Mit 7 Farbfotos und 10 Illustrationen.

Gedruckt auf chlorfrei gebleichtem Papier

MIX
Papier aus verantwortungsvollen Quellen
FSC www.fsc.org
FSC® C014496

ISBN 978-3-440- 13295-1
Redaktion: Hilke Heinemann
Gestaltungskonzept: Populärgrafik, Stuttgart
Gestaltung und Satz: Kullmann & Partner GbR / Kristijan Matić
Produktion: Eva Schmidt
Printed in Germany / Imprimé en Allemagne